高等职业教育旅游类专业新形态教材
茶艺
主　编　盛婷婷　游庆军
副主编　佟安娜
U0431099
北京理工大学出版社
BEIJING INSTITUTE OF TECHNOLOGY PRESS

内 容 简 介

本教材是作者在多年教学经验的基础上，吸取其他教材之长，针对高职旅游管理专业开设的茶艺服务课程而编写的教材。

全书分为五个项目，主要介绍了有关茶的历史文化、茶叶的基础知识、泡茶的基本技法与操作规范、常见茶类冲泡方法等内容。理论与实训教学内容完备，理论知识点符合高职院校学生实际需求，实训内容便于理解操作，具有很强的实用性。

课程附带的慕课资源均拥有原版版权，可辅助相关软件进行课堂演练。

本教材内容丰富，讲述生动，图文并茂。本书主编为辽宁省酒店管理专业中高职衔接项目主要参与者，故本教材既可以作为高职高专旅游管理及相关专业的教材，也可以作为中职相关专业的补充教材，还可供茶艺师职业等级考核培训使用。

图书在版编目（ＣＩＰ）数据

茶艺 / 盛婷婷，游庆军主编. --北京：北京理工大学出版社，2021.8（2021.9 重印）

ISBN 978-7-5682-9650-2

Ⅰ. ①茶…　Ⅱ. ①盛…②游…　Ⅲ. ①茶艺-中国-高等学校-教材　Ⅳ. ①TS971.21

中国版本图书馆 CIP 数据核字（2021）第 051401 号

出版发行 / 北京理工大学出版社有限责任公司
社　　址 / 北京市海淀区中关村南大街 5 号
邮　　编 / 100081
电　　话 /（010）68914775（总编室）
（010）82562903（教材售后服务热线）
（010）68944723（其他图书服务热线）
网　　址 / http://www.bitpress.com.cn
经　　销 / 全国各地新华书店
印　　刷 / 保定市中画美凯印刷有限公司
开　　本 / 710 毫米×1000 毫米　1/16
印　　张 / 13
字　　数 / 208 千字
版　　次 / 2021 年 8 月第 1 版　2021 年 9 月第 2 次印刷
定　　价 / 55.00 元

责任编辑 / 申玉琴
文案编辑 / 申玉琴
责任校对 / 刘亚男
责任印制 / 施胜娟

前言

依据《职业教育专业目录（2021 年）》，遵循教学对接产业、对应职业，守正创新、与时俱进，科学规范、灵活开放，产教协同、凝聚合力的原则，为培养新阶段新格局下的高素质技术技能人才、能工巧匠、大国工匠，落实“三教”改革成果，企业专家，资深教师共同编写了本书。

茶起源于中国，盛行于世界。茶的发现与利用几乎与中华文明史一样久远，对经济、社会和文化的影响深远，茶文化与之相伴而生。茶文化是中国传统优秀文化的组成部分，当代发扬茶文化应该既传统又时尚，既实用又有内涵。

本书分为五个项目，分别为茶的起源及其历史、茶叶基础知识 、泡茶知识 、茶艺美学、常见茶类的冲泡方法。

本书依据行业规范标准，对学生进行六大基本茶类（白茶、黄茶、绿茶、红茶、青茶、黑茶）及其再加工茶的冲泡训练，使学生掌握茶艺服务的要领、标准、流程及礼仪要求；要求学生掌握茶艺师技能鉴定所需的各种茶艺知识要点，具有自行设计茶席的基本能力，能熟练介绍茶具，能熟记常见茶类的冲泡手法及流程。学生通过学习，获得的能力包括：茶艺准备操作及创新能力、茶艺表演及技术培训能力、茶叶鉴赏与推荐茶叶的能力、茶艺展示的语言表达及交流沟通能力、茶艺活动策划及组织实施能力。具体的学习目标见下表。

学习内容	知识要求	能力要求	情感要求	学时	
				理论	实践
项目一	了解茶的起源，理解并掌握茶起源于中国的相关知识	熟悉中国茶文化发展进程中各个历史时期的饮茶习俗	掌握茶艺的概念及学习茶艺的意义	4	0

续表

学习内容	知识要求	能力要求	情感要求	学时	
				理论	实践
项目二	掌握六大基本茶类及其品质特征，了解其制作工艺	掌握中国十大名茶产地及其品质特点，并能够分辨十大名茶	了解国内外民族饮茶习俗，体会不同民族的饮茶习俗	4	4
项目三	初步了解泡茶用水的选择，掌握泡茶四要素的基本要求	了解茶具的分类，能识别不同质地和不同用途的茶具	了解饮茶与健康方面的知识，可以针对不同人群给出饮茶建议，倡导国人科学饮茶	2	2
项目四	理解茶席设计的概念了解行茶中的礼仪	掌握茶艺中站、坐、走、鞠躬基本要领，可以自行设计简单茶席	体会茶艺之美、中华传统茶道之美	2	4
项目五	对于六大基本茶类及其再加工茶具有初步鉴赏的能力，并能向客人介绍名茶的基本特点	能按照行业规范熟练进行常见茶类的基本冲泡，能进行名茶茶艺表演	感受不同名茶带给人们的精神享受	3	9

本书的学习资源丰富，在部分章节中安排了知识链接的二维码，读者可以使用手机扫描，通过移动阅读方式浏览知识点对应的解说类、技能类视频和文章等。读者也可以在中国大学 MOOC（慕课）上进行学习，还可以在学银在线平台（https://www.xueyinonline.com/detail/219021005）上进行学习。

本书由盛婷婷、游庆军担任主编，佟安娜担任副主编。本书编写分工如下：盛婷婷负责全书的策划、统稿工作，并编写项目五；游庆军编写项目一、项目二、项目三；佟安娜编写项目四，并承担在线课程的编导。摄像为于海宁先生，模特为商关惠子、丁帅，特此鸣谢。

本书的编写承蒙相关国内同行和专家的鼎力相助，并参考借鉴了国内外相关研究成果，在此深表谢意。由于编写时间仓促，书中内容难免有疏漏之处，恳请读者不吝赐教，以便在今后再版时予以修订，使之日臻完善。

目录 CONTENTS

项目一

茶的起源及其历史

“茶之为饮，发乎神农氏，闻于鲁周公，兴于唐而盛于宋。”茶，这一历史悠久、传承文明的饮料，从药用、汤料、饮品流传至今，至少已有数千年的历史。作为世界三大无酒精饮料（茶、咖啡和可可）之一，茶以特有的健康价值及文明意义，受到世界人民的认可。

关键词：神话　战争

学习目标：了解茶的起源，理解并掌握茶起源于中国的相关知识；熟悉中国茶文化发展进程中各个历史时期的饮茶习俗；背诵一首茶诗，欣赏不同历史时期的茶绘画与茶书法，感受中华茶文化的艺术魅力。

在中国古代，茶是人们生活中的重要物品。“琴棋书画诗酒茶”被誉为文人七件宝，“柴米油盐酱醋茶”被平民百姓视为“开门七件事”。那么究竟是从何时，上流社会钟爱的茶被市井百姓所接受并衍生出流传千古的中国茶道文化呢？

任务解析

“自从陆羽生人间，人间相学事春茶”，在陆羽所著的《茶经》问世之后，茶开始走入寻常百姓的生活之中，中国人开始养成喝茶的习惯。

茶，是中华民族的举国之饮。它“发乎神农氏，闻于鲁周公”，兴于唐，盛于宋，延续明清。如今，茶已成为风靡世界的三大无酒精饮料（茶、咖啡和可可）之一，饮茶嗜好遍及全球，全世界有近60个国家种茶。寻根溯源，世界各国最初所饮的茶叶，引种的茶种，以及饮茶方法、栽培技术、加工工艺、茶风茶俗、茶礼茶道等，都是直接或间接地由中国传播去的。中国是茶的原产地、茶文化的发祥地，被誉为“茶的祖国”。世界各国，凡提及茶事者，无不与中国联系在一起。茶，乃是中华民族的骄傲，也是中国对人类做出的一大贡献。

任务一 茶的起源

翻转课堂

问题一：茶是什么样子的？

问题二：中国人是如何发现和利用茶的？

问题三：古人如何称呼茶？

问题四：茶是如何传播到世界各地的？

问题五：中国都有哪些地域产茶？

茶文化的载体是茶叶，茶叶主要是用茶树上的幼芽、嫩叶加工制成的，也有用茶树上较粗老的叶子制成的。所以要了解茶文化，首先要了解茶叶和茶树的基本知识。

茶树叶

茶树的定义是“多年生、木本、常绿植物，山茶科、山茶属”。茶树有乔木型、半乔木型、灌木型。野生茶树都是乔木型，人工种植的是灌木型，从野生到

人工种植的过渡期是半乔木型。从乔木到灌木变化的原因有两个：一是气候和土壤等自然生长条件的变化；二是人们为了采摘方便而经常剪修，使茶树矮化，便于采摘茶叶。据著名茶文化专家陈文华教授在江西婺源茶文化第一村得出的结论，灌木型茶树如果常年无人管理，任其疯长，用不了几年就会成为乔木，如果再经过几百年，就有可能恢复到野生茶树的形态。

中国是茶树的原产地，是茶的故乡。根据植物学家的研究，茶树最早出现于我国西南地区，距今至少也有四五千年的历史了。中国是最早发现茶树和利用茶叶的国家。

一、茶树的发现和利用

茶树是多年生常绿木本植物，传说是“发乎神农氏，闻于鲁周公”。茶最初是作为药用，后来发展成为饮料。《神农本草经》中记述了“神农尝百草，日遇七十二毒，得荼而解之”的传说，其中“荼”即“茶”，这是我国最早发现和利用茶叶的记载。在我国，人们一谈起茶的起源，都将神农列为第一个发现和利用茶的人。

慕课：茶树的发现和利用

（一）神农的传说

唐代陆羽在《茶经》中说，茶是“发乎神农氏，闻于鲁周公”。神农，即炎帝，炎帝就是传说中的太阳神，是古代人民集体智慧的化身。随着人类的生育繁衍，自然界的食物不够吃了。危难时刻，诞生于此时的炎帝，教人们播种五谷，

又发明农具，使人类从狩猎时期进入农业时期，不再受饥荒之苦，所以人们尊称他为神农。饥饿问题刚刚解决，疾病又在人类中蔓延。为了给人们治病，神农开始寻找草药，亲自去采摘各种野草，并一一品尝。偶然一次，神农发现野生茶树叶既能解毒，又能生津止渴、健脑提神，这就是茶的药用价值。这个传说记载于《神农本草经》，虽然是神话，但是能够说明至少在四五千年以前，人们对茶已有所了解。也有学者认为神农尝百草主要是为了寻找食物以补充粮食的不足，发现茶还能解毒，所以茶又作为药物进入人们的生活。所以说饮茶之始，是“食药同源”，食用在先，药用在后，饮用是再后来的事。

陈文华教授在《长江流域茶文化》中，采用科学考证方法，利用前贤和今人的研究成果，将人们发现和利用茶的历史推到了距今约 60 万年—约 1 万年的旧石器时代中晚期。如果得到学术界广泛的认可，那么将改写中华茶文化具有几千年的历史之说。

（二）中国西南部是茶树的原产地

早在三国时期（220—280 年）就有关于在西南地区发现野生大茶树的记载（据《华阳国志》），唐代陆羽在《茶经》中说：“茶者，南方之嘉木也。一尺，二尺，乃至数十尺，其巴山峡川，有两人合抱者，伐而掇之。”后者指的应该就是野生大茶树。19 世纪末，在四川中北部发现了类似野生茶树，在此之前我们仅有野生古茶树的记载而没有发现野生茶树。因此当外国人在印度发现了野生茶树后断定印度是茶的原产地，但是发现野生茶树并不是判断茶叶原产地的唯一根据。从植物学上考证，茶树已有 6 000 万年的历史，印度发现野生茶树的喜马拉雅山南坡那时候还是海底世界，而我国云贵高原地区已具备了茶树生长的自然条件。1939 年在贵州发现 7 米多高的一棵茶树，转年又在海拔 1 400 米处发现了十余棵大茶树，有 6 米多高，1957 年又发现了高达 12 米的大茶树。最有价值的是 1958 年在云南勐海县境内发现的一棵大茶树，树龄 800 年以上。1961 年发现一棵 32 米高的大茶树，树围 2.9 米、树龄 1 700 年，是迄今为止发现的最大茶树。

根据这些发现，结合地质变迁与考古论证，我国和世界许多科学工作者确定，中国是茶的故乡，云贵地区是茶的原产地，世界上其他国家的茶树都是从中国传播过去的。

云南野生大茶树

二、茶的称谓

在中国古代，茶有各种各样的叫法。从现有史料来看，“荼”最早见于《诗经》。我国最早的一部词典《尔雅》中称茶为“槚”“苦荼”；西汉有人将其叫作“诧”，也有人称之为“酒”，东汉有人称茶为“苦卢”“茗”，还有“荈草”“荈”“葭”等，这些都是茶的异名同义字。但是在唐代以前，使用最多的还是“荼”字，该字一字多义，一字多音，一读 tu（音途），二读 cha（音茶），三读 shu（音书），在指称茶时，读音也是“茶”。随着茶事的发展，一字多义的“荼”字最终衍生出“茶”字。到了唐代，“茶”字因出自唐玄宗撰的《开元文字音义》而被定夺，从此“茶”字在唐代之前的种种别称归为一统，“茶”开始成为通用名称，“茶”字的字形、字音、字义一直沿用至今。

慕课：茶的称谓

由于茶叶最先是由中国输出到世界各地的，所以，时至今日，全球对茶的称谓，大多数是由中国人，特别是由中国茶叶输出地区人民对茶的称谓直译过去的，如日语的“chɑ”、印度语的“chɑ”、都为茶字原音。英文的“tea”、法文的“the”、德文的“thee ”、拉丁文的“thea”，都是从我国广东、福建沿海地区人民的发音转译过来的。大致来说，茶叶由我国海路传播到西欧各国，茶的发音大多近似我国福建沿海地区的“te”和“ti”音；茶叶由我国陆地向北、向西传播到的国家，茶的发音近似我国华北的“chɑ”音。茶字的演变与确定，从侧面告诉我们“茶”字的形、音、义，最早是由中国确定的，至今已成为世界人民对茶的称谓。它还告诉我们：茶出自中国，源于中国，中国是茶的原产地。

值得一提的是，自唐以来，特别现代，“茶”是普遍的称呼，较文雅点的才称其为“茗”，但在文献，以及诗词、书画中，却多以“茗”为正名。可见，“茗”是茶之主要异名，常为文人学士所引用。

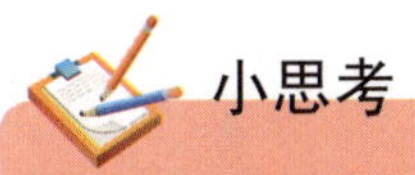

小思考

“茶”字的诞生对于茶文化发展有什么益处？

三、茶的传播

中国是茶树的原产地。中国在茶业上对人类的贡献主要在于最早发现、利用茶这种植物，并由此形成具有独特魅力的茶文化。这种格局的形成与传播有关

系，中国茶从原产地向全国、从中国向全世界的传播是一个历史过程，从传播途径上看存在着国内和国外两条最基本的路线。

慕课：茶的传播

（一）茶在国内的传播

茶原产于我国西南地区，西汉时甘露禅师吴理真结庐于四川蒙山，亲植茶树，这是人工栽培茶树的最早记载。后来由于民族的迁徙和地区之间的往来，形成了茶树传播的三条路线：一是由云南、贵州传至湖南、广西、广东、福建、台湾；二是由云南、四川传至湖北、湖南及长江中下游各省；三是由四川北移，传至陕西、河南、甘肃，最终传至西藏。目前我国已经有上千个县（市）种茶。

（二）茶向国外的传播

唐顺宗永贞元年（公元 805 年），日本高僧最澄法师从我国携茶树种子回国，植于近江（滋贺县）坂本的日吉神社，这是茶种传入日本的最早记载。公元 806 年，空海法师从长安返回日本不仅带回了茶种和制茶工具，还带回了制茶技术。

韩国自百济时期从中国传入茶种，与韩国当地的风俗文化相交融，先后形成了韩国历史上新罗茶道文化（以花郎道茶文化为特色）、高丽时代茶道文化（以宫廷、僧侣、文人茶道文化的丰富为特色）、朝鲜时代茶道文化（以《朱子家礼》冠婚丧祭之茶礼为中心的茶文化特色）。[①]

我国云南的茶树顺着元江、红河传入越南，准确的年代尚未有人考证。

明代末期，1610 年荷兰人从澳门贩茶销往欧洲。1690 年，清康熙年间中国茶

① 姜美爱（惠田）（KANG MZ AE）．中韩茶道文化交流及其茶道观比较研究［D］．杭州：浙江大学，2016.

获得在美国波士顿出售的特许执照。1785 年，“中国皇后”号海轮运茶抵达纽约，开始华茶直销美国的新纪元。1833—1834 年，英国殖民地印度派戈登两次来华收集茶籽、招聘制茶技工，回去后开创了印度、斯里兰卡的茶叶种植生产。此后，茶在世界范围内广泛传播，逐步发展成为与咖啡、可可并驾齐驱的“世界三大无酒精饮料”之一。

小思考

茶的传播对于整个世界有什么意义？

四、中国茶区

慕课：中国茶区

我国的茶区分布东起东经 122° 的台湾东岸的花莲县，西至东经 94° 的西藏自治区米林，南起北纬 18° 的海南省榆林，北至北纬 37° 的山东省荣成的广阔范围内，有浙江、湖南、湖北、安徽、四川、福建、云南、广东、广西、贵州、江西、江苏、陕西、河南、台湾、山东、西藏、甘肃、海南等二十多个省区的上千个县市。在垂直分布上，茶树最高种植在海拔 2 600 米的高山上，最低仅距海平面几十米或百米。不同地区生长着不同类型和不同品种的茶树，从而决定着茶叶的品质和茶叶的适应性、适制性，形成了各类茶种的分布。

世界上有茶园的国家虽然不少，但是中国、印度、斯里兰卡、印度尼西亚、肯尼亚、土耳其等几国的茶园面积之和就占了世界茶园总面积的 80%以上。世界上每年的茶叶产量大约有 300 万吨，其中 80%左右产于亚洲。中国的茶园面积有一百余万公顷，茶区分布较广，每一茶区因土质、气候与人为因素影响，生产出的茶叶无论是在外观、香气或口感上，都有细微的差别，因而造就了中国茶叶的多样风貌。我国有 20 余个省、市、自治区，近千个县（市）产茶，茶学界根据我国产茶区的自然、经济、社会条件，将其划分为四大茶区。

（一）华南茶区

华南茶区位于中国南部，包括广东省、广西壮族自治区、福建省、台湾省、海南省等，是中国最适宜茶树种植的地区。这里年平均气温为 19～22 ℃（少数地区除外），年降水量在 2 000 毫米左右，为中国茶区之最。华南茶区资源丰富，土壤肥沃，有机物质含量很高，土壤大多为赤红壤，部分为黄壤。茶树品种资源也非常丰富，集中了乔木、小乔木和灌木等类型的茶树品种。部分地区的茶树无休眠期，全年都可以形成正常的芽叶，在良好的管理条件下可常年采茶，一般地区一年可采 7～8 轮。该茶区适宜制作红茶、白茶等，武夷大红袍、武夷肉桂、闽北水仙、凤凰单枞、铁观音、正山小种、英德红茶、台湾乌龙等名茶即产于这一地区。

（二）西南茶区

西南茶区位于中国西南部，包括云南省、贵州省、四川省、西藏自治区东南部，是中国最古老的茶区，也是中国茶树原产地的中心所在。这里地形复杂，海拔高低悬殊，大部分地区属于亚热带季风气候，冬暖夏凉。该茶区土壤类型较多：云南中北地区多为赤红壤、山地红壤和棕壤；四川、贵州以及西藏东南地区则以黄壤为主。该茶区所产茶类较多，主要有绿茶、红茶、黑茶等。普洱茶、六堡茶、滇红、都匀毛尖、蒙顶甘露等名茶即产于该茶区。

（三）江南茶区

江南茶区是我国茶叶的主要产区，包括浙江、湖南、江西等省和安徽、江苏、湖北 3 省的南部等地，茶叶年产量约占我国茶叶总产量的 2/3。这里气候四季分明，年平均气温 15～18 ℃，年降水量约为 1 600 毫米。茶园主要分布在丘陵地带，少数在海拔较高的山区。茶区土壤主要为红壤，部分为黄壤。茶区种植的茶

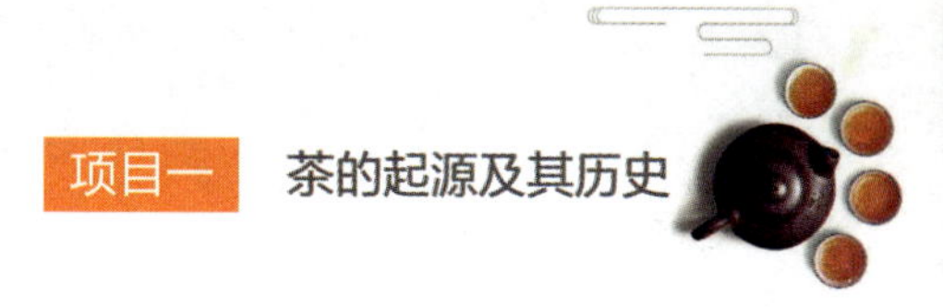

树多为灌木型中叶种和小叶种，以及少部分小乔木型中叶种和大叶种，是西湖龙井、洞庭碧螺春、黄山毛峰、君山银针、安化松针、古丈毛尖、太平猴魁、安吉白茶、白毫银针、六安瓜片、祁门红茶、庐山云雾等名茶的原产地。

（四）江北茶区

江北茶区包括河南、陕西、甘肃、山东等省和安徽、江苏、湖南 3 省的北部。江北茶区是我国最北的茶区，气温较低，积温少，年平均气温 15～16 ℃，年降水量约 800 毫米，且分布不均，茶树较易受旱。茶区土壤多为黄棕壤或棕壤。江北茶区的茶树多为灌木型中叶种和小叶种，主要以生产绿茶为主，是信阳毛尖、午子仙毫等名茶的原产地。

任务二 茶文化简史

翻转课堂

问题一：汉魏六朝时期，茶在哪一类人群中传播？

问题二：唐代为什么产生了“以茶代酒”的习俗？

问题三：为什么说宋代是茶文化的鼎盛时期？

问题四：不同时期中国的饮茶方式有哪些不同，因何改变？

中国有着数千年古老而悠远的文明发展史，这为茶文化的形成和发展提供了极为丰富的底蕴。中国茶文化在其漫长的孕育与成长过程中，不断地融入了民族的优秀传统文化精髓，并在民族文化巨大而深远的背景下逐步走向成熟。中国茶文化以其独特的审美情趣和鲜明的个性风采，成为中华民族灿烂文明的一个重要组成部分。

魏晋南北朝、唐代、宋代、明代是中华茶文化形成与发展过程中四个重要时期。

一、魏晋南北朝——中华茶文化的酝酿

慕课：魏晋南北朝茶文化

茶是因作为饮料而驰名的，茶文化实质上是饮茶文化，是围绕饮茶活动所形成的文化现象。茶文化的产生是在茶被用作饮品之后。魏晋南北朝是中华茶文化的酝酿时期。

晋宋时期的《搜神记》《异苑》等志怪小说集中便有一些关于茶的故事。孙楚的《出歌》、左思的《娇女诗》等是早期的涉茶诗。西晋杜育的《荈赋》是文学史上第一篇以茶为题材的散文，才辞丰美，对后世的茶文化创作颇有影响。[①]

魏晋南北朝时期，是中国固有的宗教——道教的形成和发展时期，同时也是起源于印度的佛教在中国的传播和发展时期，茶以其清淡、虚静的本性和疗病的功能广受宗教徒的青睐。在此时期，道教徒、佛教徒与茶结缘，以茶养生，以茶助修行。

魏晋南北朝是我国饮茶史上的一个重要阶段，也可以说是茶文化逐步形成的时期。茶已脱离一般形态的饮食走入文化圈，起着一定的精神、社会作用。这一切说明，两晋南北朝是中华茶文化的酝酿时期。

小思考

根据你对于历史的了解，在魏晋南北朝时期道教与佛教哪个对于茶文化的传播更有成效？

---

① 姜欣，姜怡. 茶典籍翻译中的互文关联与模因传承——以《荈赋》与《茶经》的翻译为例［J］. 北京航空航天大学学报（社会科学版），2016，29（4）.

二、唐代——中华茶文化的第一个高峰

在我国的饮茶史上，向来有“茶兴于唐，盛于宋”之说。经过几个世纪的积累，到了唐代，饮茶风气已普及全国，上至王公贵族，下至士农工商，都加入饮茶者之列。

慕课：唐代茶文化

（一）社会鼎盛促进了唐代饮茶盛行

社会鼎盛是唐代饮茶盛行的主要原因，具体体现在三个方面：第一，上层社会和文人雅士的传播。第二，朝廷贡茶的出现。由于宫廷大量饮茶，加之茶道、茶宴层出不穷，朝廷对茶叶生产十分重视。第三，佛教盛行。佛门茶事盛行，也带动了信佛的善男信女争相饮茶，于是促进了饮茶风气在社会上的普及。在唐代形成的茶道有宫廷茶道、寺院茶礼、文人茶道。

（二）茶税及贡茶出现

唐代南方已有 43 个州、郡产茶，遍及今天南方 14 个产茶省区。可以说，我国产茶地区的格局，在唐代就已奠定了基础。北方不产茶，其所饮之茶全靠南方运送，因而当时的茶叶贸易非常繁荣。唐朝政府为了增加财政收入，于唐德宗建中元年（公元 780 年）开始征收茶税。《旧唐书·文宗本纪》记载，唐大和九年（公元 835 年），初立“榷茶制”（即茶叶专卖制）。唐朝政府还规定各地每年要选送优质名茶进贡朝廷，还在浙江湖州的顾渚山设专门为皇宫生产“紫笋茶”的贡

茶院。各地制茶技术也精益求精，日益提高。

（三）《茶经》问世

慕课：陆羽与《茶经》

唐代集茶文化之大成者是陆羽，他的名著《茶经》的出现是唐代茶文化形成的标志。《茶经》概括了茶的自然、人文科学双重内容，探讨了饮茶艺术，把儒、道、佛三教融入饮茶中，首创中国茶道精神。它是世界第一部在当时最完备的综合性茶学著作，对中国茶叶的生产和饮茶风气起到了很大的推动作用。陆羽也因此被后人称为“茶圣”“茶仙”“茶神”。

继《茶经》后又出现了大量茶书，如《茶述》《煎茶水记》《采茶记》《十六汤品》等。

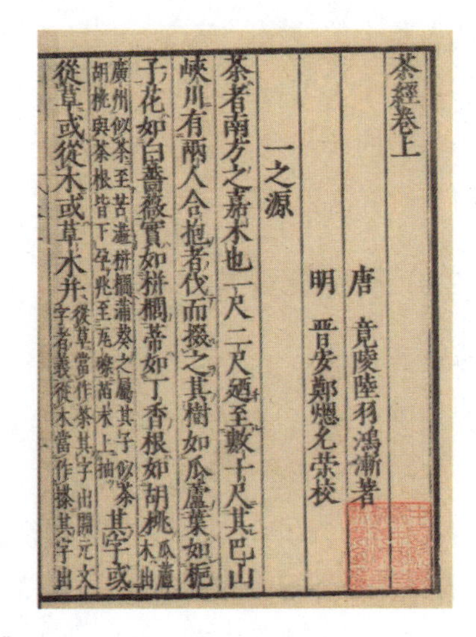

茶經卷上

唐　竟陵陸羽鴻漸著

明　晉安鄭熜允恭校

一之源

茶者南方之嘉木也一尺二尺廼至數十尺其巴山峽川有兩人合抱者伐而掇之其樹如瓜蘆葉如梔子花如白薔薇實如栟櫚蔕如丁香根如胡桃（瓜蘆木出廣州似茶至苦澀栟櫚蒲葵之屬其子似茶胡桃與茶根皆下孕兆至瓦礫苗木上抽）其字或從草或從木或草木并（從草當作茶其字出開元文字音義從木當作梌其字出）

《茶经》

（四）与茶相关的文学作品丰富

在唐代茶文化的发展中，文人的热情参与起到了重要的推动作用。李白、杜甫、白居易、杜牧、柳宗元、卢仝、皮日休等写了 400 多篇关于茶事的诗歌，其中最著名的要算卢仝的《走笔谢孟谏议寄新茶》，他也因这首茶诗而在茶文化史上留下盛名。唐代还首次出现了描绘饮茶场面的绘画，著名的有阎立本的《萧翼赚兰亭图》、佚名氏的《宫乐图》、周昉的《调琴啜茗图》等。

《调琴啜茗图》

（五）茶叶及饮茶方式的外传

中国的茶叶和饮茶方式在唐代才大量向国外传播，特别是对朝鲜和日本的影响很大。

唐代是中国饮茶史上和茶文化史上的一个极其重要的历史阶段，也可以说是中国茶文化的成熟时期，是茶文化历史上的一座里程碑。

课堂讨论

唐代的茶文化对于你的启示有哪些？

知识拓展：唐代的饮茶方式

法门寺地宫出土的茶器

三、宋代——中华茶文化的第二个高峰

宋代是我国茶文化发展的鼎盛时期，茶史上有“茶兴于唐，盛于宋”之说。无论是制造工艺还是品饮艺术，宋代都达到了登峰造极的水平。

慕课：宋代茶文化

（一）皇宫及上层社会饮茶盛行，茶仪礼制形成

宋代贡茶工艺的不断发展以及皇帝和上层人士的加入，已取代了唐代由茶人与僧人领导茶文化发展的局面。

宋代饮茶之风在皇宫及上层社会非常盛行，特别是上层社会嗜茶成风，王公贵族经常举行茶宴。宋太祖赵匡胤是位嗜茶之士，在宫廷中设立茶事机关。此时，宫廷用茶已分等级，茶仪礼制形成。宋时皇帝常在得到贡茶后举行茶宴招待群臣，以示恩宠，而赐茶也成为皇帝笼络大臣、眷怀亲族的重要手段，茶还被作为回赠的礼品赐给国外使节。宋徽宗赵佶对茶进行深入研究，写成茶叶专著《大观茶论》一书。全书共二十篇，对北宋时期蒸青团茶的产地、采制、烹试、品质、斗茶等均有详细记述，其中“点茶”一篇，见解精辟，论述深刻。

文会图

（二）下层社会茶文化生机勃勃

宋代，在下层社会，茶文化更是生机勃勃。有人迁徙，邻里要“献茶”；有客来，要敬“元宝茶”；订婚时要“下茶”；结婚时要“定茶”；同房时要“合茶”。民间斗茶风起，带来了采制烹点的一系列变化。茶成为民众日常生活中的必需品。

元宝茶

（三）都市茶馆文化非常发达

宋代饮茶风气的兴盛还反映在都市里的茶

馆文化非常发达。茶馆早在唐代就已出现，到了宋代，更为兴盛。茶馆环境布置幽雅、茶具精美、茶叶类众多，馆内乐声悠扬，具有浓厚的文化氛围。不但普通百姓喜欢上茶馆，就是文人学士也爱在茶馆品茶会友、吟诗作画。

（四）茶文化在文化艺术方面成就突出

宋代的诗人嗜茶、咏茶的特别多，大部分诗人都写过咏茶的诗歌。著名的大诗人欧阳修、梅尧臣、苏轼、范仲淹、黄庭坚、陆游、杨万里、朱熹等都写了许多脍炙人口的咏茶诗歌。

宋代最有名的茶诗，要算范仲淹的《和章岷从事斗茶歌》，简称《斗茶歌》，全面细致生动地描写了宋人崇尚斗茶的盛况。宋代的画家们也绘制了许多反映茶事的绘画作品，如《清明上河图》中就有反映当时首都汴京临河的茶馆景象。

（五）琴棋书画融入茶事之中

宋代的文人们还将琴棋书画都融进茶事之中，“弹琴阅古画，煮茗仍有期。”（梅尧臣），“杀鸡为黍办仓卒，看画烹茶每醉饱。”（张耒），“煮茗月才上，观棋兴未央。”（吴则礼），“入夜茶瓯苦上眉，眼花摧落石床棋。”（谢翱）……这大大提高了宋代茶事的文化品位，也是宋代茶文化成熟的标志。

课堂讨论：宋代的茶文化对于你的启示有哪些？

知识拓展：宋代的饮茶方式

兔毫盏

天目盏

四、明代——中华茶文化的第三个高峰

慕课：明代茶文化

明太祖朱元璋废团茶兴叶茶，促进了散茶的普及。但明朝初期，仍延续着宋元以来的点茶道。直到明朝中叶，饮茶方式改为散茶直接用沸水冲泡。明人文震亨《长物志》云：“吾朝所尚又不同，其烹试之法，亦与前人异。然简便异常，天趣悉备，可谓尽茶之真味矣。”明人沈德符的《野获编补遗》载：“今人惟取初萌之精者，汲泉置鼎，一瀹便啜，遂开千古茗饮之宗。”泡茶道在明朝中期形成并流行，一直流传至今。

现存明代茶书有 35 种之多，占了现存中国古典茶书一半以上。其中有朱权《茶谱》、顾元庆《茶谱》、吴旦《茶经外集》、田艺蘅《煮泉小品》、徐忠献《水品》、陆树声《茶寮记》、徐渭《煎茶七类》、孙大绶《茶谱外籍》、陈师《茶考》、张源《茶录》、屠隆《茶说》、陈继儒《茶话》、张谦德《茶经》、许次纾《茶疏》、程用宾《茶录》、徐勃《茗谭》、周高起《阳羡茗壶系》等。其中，嘉靖以前的茶书只有朱权《茶谱》1 种，嘉靖时期的茶书 5 种，隆庆时期 1 种，万历 22 种，天启、崇祯 6 种，仅万历年间茶书就超过明代茶书的一半以上。

周高起在《阳羡茗壶系》中说："茶至明代，不复碾屑和香药制团饼，此已远过古人。近百年中，壶黜银锡及闽豫瓷，而尚宜兴陶，又近人远过前人之处也。"明中期至明末的上百年中，宜兴紫砂艺术突飞猛进地发展起来。紫砂壶造型精美，色泽古朴，光彩夺目，成为艺术作品。从万历到明末是紫砂壶发展的高峰，前后出现了"四名家"：董翰、赵梁、元畅、时朋。董翰以文巧著称，其余三人则以古拙见长。"壶家三大"指的是时大彬和他的两位高足李仲芳、徐友泉。时大彬在当时就受到"千奇万状信手出""宫中艳说大彬壶"的赞誉，被誉为"千载一时"。李仲芳制壶风格趋于文巧，而徐友泉善制汉方等。此外，李养心、惠孟臣、陆思婷擅长制作小壶，世称"名玩"。欧正春、邵氏兄弟、蒋世英等人，借用历代陶器、青铜器和玉器的造型及纹饰制作了不少超越古人的作品，广为流传。

大彬壶

明代的茶事诗词虽不及唐宋，但在散文、小说方面有所发展，如《闵老子茶》（张岱）、《金瓶梅》对茶事的描写。茶事书画也超过唐宋，具有代表性的有沈周、文徵明、唐寅、丁云鹏、陈洪绶的茶画，徐渭的《煎茶七类》书法等。在明朝晚期，形成了中华茶文化的第三个高峰。

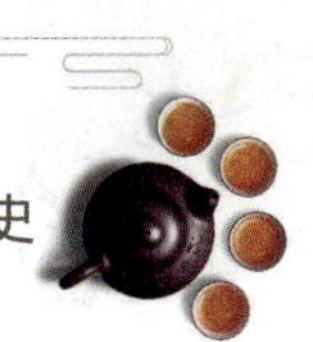

知识拓展：明代的饮茶方式

知识拓展：茶诗与茶赋

慕课：卢仝与七碗茶诗

知识拓展：茶的绘画与书法

课后习题

一、判断题

1. 中国是世界上最早利用茶树的国家。（　　）
2. 唐代饮茶盛行的主要原因是社会鼎盛。（　　）
3. 茶文化是指整个茶业发展历程中精神财富的综合。（　　）

二、选择题

1.《神农本草经》是最早记载茶为（　　）的书籍。

A. 食用　　B. 礼品　　C. 药用　　D. 聘礼

2.（　　）茶叶的种类有粗、散、末、饼茶。

A. 汉代　　B. 元代　　C. 宋代　　D. 唐代

3. 在唐朝已出现将（　　）整合的娱乐活动。

A. 赋诗、作文、习字、品茗　　B. 挂画、插花、焚香、品茗

C. 游历、讲学、论道、著书　　D. 下棋、对诗、吟唱、饮酒

4. 宋徽宗赵佶写有一部茶书，名为（　　）。

A.《大观茶论》 B.《品茗要录》

C.《茶经》 D.《茶谱》

5. 宋代（ ）的主要内容是看汤色、汤花。

A. 泡茶 B. 鉴茶 C. 分茶 D. 斗茶

三、问答题

1. 讲述一个关于茶的典故。

2. 用自己的话说说中国茶文化的发展史。

3. 背诵一首茶诗。

四、实践题

根据资料模仿宋代点茶法，体会一下与现代轻饮法的区别，写下心得。

项目二

茶叶基础知识

在中国漫长的茶叶历史发展过程中，历代茶人创造了各种各样的茶类，在长期的封建制度下又出现了各种“贡茶”，加上我国茶区分布很广，茶树品种繁多，制茶工艺技术不断革新，于是便形成了丰富多彩的茶类。就茶叶品名而言，从古至今已有上千种之多。

关键词：发酵　工艺

学习目标：掌握六大基本茶类及其品质特征，了解其制作工艺；掌握中国十大名茶产地及其品质特点，并能够分辨十大名茶；了解国内外饮茶习俗。

任务导入

何莉莉同学属于微胖体质，冬日的一天她顺路到北方茶城想买一点玫瑰花茶喝，却被商家推荐了时下正流行的白茶，听说白茶具有减肥、美容、抗辐射的功效，一时心动，就购买了半斤白牡丹。请问，她的选择正确吗？

任务解析

不同的茶具有不同茶性，在选取茶叶品种时要根据自己的身体情况，不能盲目受市场引导。

什么是茶？“茶圣”陆羽在《茶经》中说：“茶者，南方之嘉木也。一尺，二尺，乃至数十尺。其巴山峡川，有两人合抱者，伐而掇之。”茶，山茶科常绿灌木或乔木，产于我国中部至南部，为我国著名传统饮料。茶因其独特的功效，又被称为瑞草、仙草、灵草等。

任务一 茶叶的分类

翻转课堂

问题一：茶叶的分类依据是什么？

问题二：绿茶取自什么样的原料？

问题三：乌龙茶有哪些著名品种，品质如何？

问题四：茶的香气有哪些类型？

中国人在几千年对茶的利用过程中，逐步对茶叶加工工艺加以改良和完善，使茶叶种类不断发展和丰富。茶学界在各种茶类制法的基础上结合其品质特征，将中国茶叶分为基本茶类和再加工茶类两大部分。

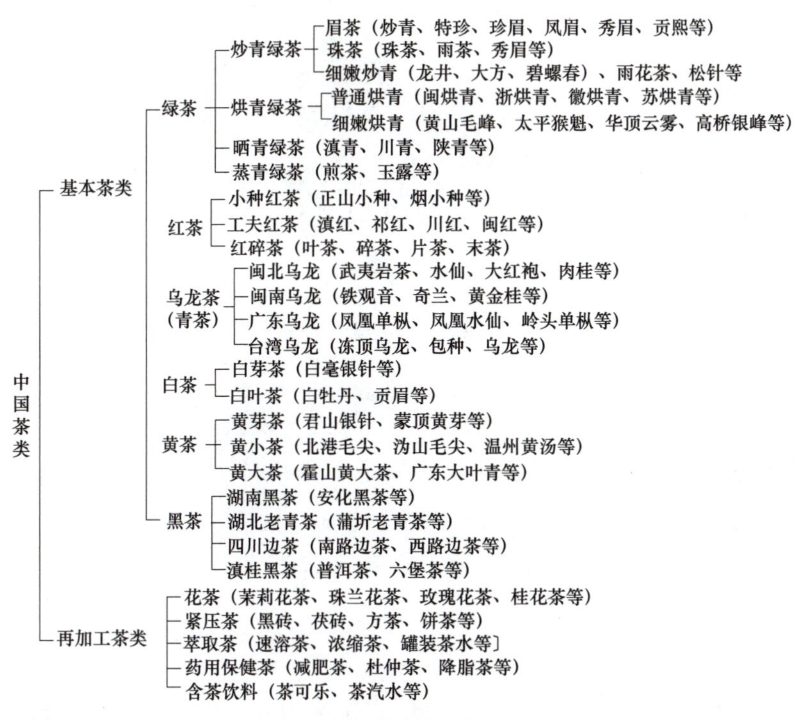

中国茶叶的分类

一、基本茶类

按照初加工工艺不同，以及加工中茶叶多酚类物质的氧化聚合程度的不同，将茶叶分为六大基本类型，即绿茶、红茶、青茶（乌龙茶）、白茶、黄茶、黑茶。

（一）绿茶

绿茶属于不发酵茶（发酵程度 0%），是我国产量最多的一类茶叶，全国 20 个产茶省（区）都生产绿茶。我国绿茶花色品种繁多，居世界之首，每年出口 20 多万吨，占世界茶叶市场绿茶贸易量的 70%左右。我国传统绿茶中的眉茶和珠茶，一向以香高、味醇、形美、耐冲泡，而深受国内外消费者的欢迎。

慕课：绿茶概述

绿茶的基本工艺流程分杀青、揉捻、干燥三个步骤。依据杀青方式不同，有加热杀青和热蒸汽杀青两种，加热杀青的是“炒青”，以蒸汽杀青制成的绿茶称“蒸青”。最终干燥方式有炒干、烘干和晒干之别，最终炒干的绿茶称“炒青”，最终烘干的绿茶称“烘青”，最终晒干的绿茶称“晒青”。

1. 炒青绿茶

杀青、揉捻后用炒滚方式为主干燥的绿茶称为炒青绿茶。炒青绿茶在干燥过

程中由于机械或手工力的作用不同，又可细分为长炒青、圆炒青和细嫩炒青。代表性的名茶有西湖龙井、信阳毛尖等。

绿茶

2. 烘青绿茶

杀青、揉捻后用烘焙方式干燥的绿茶称为烘青绿茶。外形挺秀，条索完整显锋苗，色泽润绿，冲泡后汤色青绿，香味香醇。烘青绿茶根据原料的老嫩和制作工艺的不同又可以分为普通烘青和细嫩烘青两类。烘青茶吸香能力较强，普通烘青多用来制作花茶，直接饮用者不多。市场上常见的茉莉花茶多是以烘青茶作为原料制作的，各产茶省都有生产，如福建的闽烘青、浙江的浙烘青、安徽的徽烘青、四川的川烘青、江苏的苏烘青以及湖南的湘烘青等。细嫩烘青绿茶是以细嫩的芽叶为原料精工细作而成的，多为名茶。大多数细嫩烘青绿茶条索紧细卷曲，白毫显露、色绿、香高、味鲜醇、芽叶完整，如黄山毛峰、太平猴魁、敬亭绿雪等。

3. 晒青绿茶

杀青、揉捻后用日晒方式干燥的绿茶称为晒青绿茶，主要产自云南、广西、四川、贵州、陕西等省（自治区）。色泽墨绿或黑褐，汤色橙黄，有不同程度的日晒气味。其中以云南大叶种制成的品质较好，称为滇青，条索肥壮多毫，色泽深

绿，香味较浓，收敛性强。

4. 蒸青绿茶

先用蒸汽将茶叶蒸软，而后揉捻、干燥而成的绿茶称为蒸青绿茶，有中国蒸青、日本蒸青和印度蒸青之分。蒸青绿茶一般具有“三绿”的特征，即干茶深绿色、茶汤黄绿色、叶底青绿色。大部分蒸青绿茶外形做成针状。

知识拓展

南宋咸淳年间，日本高僧大忞禅师到浙江径山寺研究佛法。当时径山寺盛行围坐品茶研讨佛经，常举行“茶宴”，饮的是经蒸碾焙干研成末的“抹茶”，茶叶清纯。大忞禅师回国后，将径山寺“茶宴”和“抹茶”制法传至日本，启发日本“茶道”。

（二）红茶

红茶属于全发酵茶（发酵程度 80%以上），基本工艺流程是萎凋、揉捻、发酵、干燥。其红汤红叶的品质特点主要是经过“发酵”以后形成的。所谓发酵，其实质是茶叶中原先无色的多酚类物质，在多酚氧化酶的催化作用下，氧化以后形成了红色的氧化聚合产物——红茶色素。这种色素一部分能溶于水，冲泡后形成了红色的茶汤，一部分不溶于水，积累在叶片中，使叶片变成红色，红茶的红汤红叶就是这样形成的。中国最早出现的是福建崇安一带的小种红茶，以后发展演变产生了工夫红茶。1875 年前后，工夫红茶制法由福建传至安徽祁门一带，继而江西、湖北、台湾等省都大力发展工夫红茶。至 19 世纪 80 年代，我国生产的工夫红茶在国际市场上曾占统治地位，但随后生产开始衰落。20 世纪 50 年代以来，除福建、安徽、江西、湖北等地外，四川、浙江、湖南、云南、广东、广西、贵州等地也普遍推广发展工夫红茶生产。

19 世纪我国的红茶制法传到印度和斯里兰卡等国，后来它们仿效中国红茶的制法又逐渐发展成为将叶片切碎后再发酵、干燥的“红碎茶”。红碎茶是消费量巨大的茶类，为适应国际市场制作袋泡茶的需求，我国 1957 年以后也开始试制生产红碎

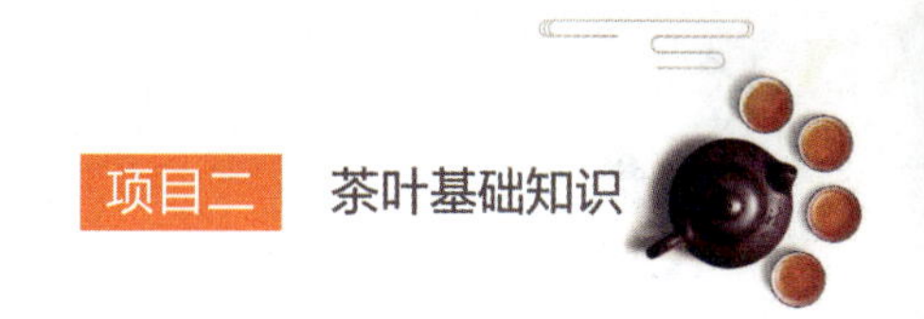

茶，近年来红碎茶已成为我国出口的主要茶类之一。

慕课：红茶概述

红茶

1. 小种红茶

小种红茶是福建省特有的一种红茶，红汤红叶，有松烟香气，味似桂圆汤。产于福建崇安县星村乡桐木关的称“正山小种”，其毗邻地区生产的称“外山小种”，政和、建阳等县生产的称“烟小种”，品质以正山小种最好。

知识拓展

2005 年，正山小种红茶第二十四代传承人、“正山堂”茶业创立者江元勋先生率领团队，在传承四百余年的红茶文化与传统技艺基础上，通过创新融合，研发出顶级红茶“金骏眉”。此茶冲泡后汤色金黄，具淡而甜的花香、蜜香、果香，品之甘甜润滑，叶底外形细小而金秀，故而取名中含有“金”。因新开发的产品只选用产自崇山峻岭中小种茶树的一芽为原料，又期望新作能够如骏马般奔腾发展，故而取名中含有“骏”。茶叶的形状似眉毛，“眉”还具有寿者、长久之意，故而取名中含有“眉”。现国内市场上，多流行品饮“金骏眉”。

2. 工夫红茶

工夫红茶是我国传统的出口茶类，远销东欧、西欧等60多个国家和地区。主要产地是安徽、云南、福建、湖北、湖南、江西、四川等地。其中产于安徽祁门一带的“祁红”，外形条索细紧，具有类似玫瑰花香（甜花香），滋味甜醇。产于云南的“滇红”，外形肥壮，显金黄毫，汤色红艳，滋味浓醇。祁红和滇红是早已名扬海外、享有很高声誉的工夫红茶，深受东欧、西欧消费者的欢迎。此外，还有福建的“闽红”、湖北的“宜红”、江西的“宁红”、湖南的“湖红”、四川的“川红”、广东的“粤红”、浙江的“越红”、江苏的“苏红”等，都是中国工夫红茶的主要品类。有时为满足某些特定市场的需要，将几种工夫红茶拼配成“中国工夫红茶”，以集众家之长，使茶叶外形内质更为完美。工夫红茶适宜多次冲泡清饮，也宜加糖调饮。

3. 红碎茶

茶鲜叶经萎凋、揉捻后，用机器切碎呈颗粒型碎片，然后经发酵、烘干而制成，因外形细碎，故称“红碎茶”，也称“红细茶”。红碎茶用沸水冲泡后，茶汁浸出快，浸出量也大，适宜于一次性冲泡后加糖加奶饮用。为便于饮用，常把一杯量的红碎茶装在专用滤纸袋中，加工成“袋泡茶”，饮用时连袋冲泡，具有茶汁浸出快、浸出较完全的特点，冲泡后取出装有茶渣的纸袋弃去，再加糖加奶，十分可口。红碎茶主产于云南、广东、海南、广西、贵州、湖南、四川、湖北、福建等地，其中以云南、广东、海南、广西用大叶种为原料制作的红碎茶品质最好。红碎毛茶经精制加工后产生叶茶、碎茶、片茶、末茶四类花色。

小思考

为什么红茶是国际茶叶贸易的主流？

（三）青茶（乌龙茶）

乌龙茶属半发酵茶（发酵程度 10%～70%），是介于不发酵茶（绿茶）与全发酵茶（红茶）之间的一类茶叶，外形色泽青褐，因此也称为“青茶”。乌龙茶冲泡后，叶片上有红有绿，偏重发酵的乌龙茶，叶片中间呈绿色，叶缘呈红色，素有“绿叶红镶边”之美称。汤色黄红，有天然花香，滋味浓醇，具有独特的韵味。

慕课：青茶概述

乌龙茶

乌龙茶主产于福建、广东、台湾三省，因产地不同和品种品质上的差异，分为闽北乌龙、闽南乌龙、广东乌龙和台湾乌龙四类。

1. 闽北乌龙茶

出产于福建省北部武夷山一带的乌龙茶都属闽北乌龙。闽北乌龙有岩茶和洲茶之分，生长在武夷山上的称岩茶，产于平地的为洲茶，以武夷岩茶最出名。岩茶的花色品种很多，多以茶树品种名称命名，主要品种有水仙、肉桂、

乌龙等。

2. 闽南乌龙茶

闽南是乌龙茶的发源地，由此传向闽北、广东和台湾。产于福建南部的乌龙茶，最著名、品质最好的是安溪的铁观音，这种茶条索卷曲重实，呈蜻蜓头状，味鲜浓，具有兰花香，有“美如观音重如铁”的形象。除铁观音外，用黄旦品种制作而成的黄金桂也是闽南乌龙茶中的珍品，另外还有佛手、毛蟹、本山、奇兰、梅占、桃仁、香橼等。若以这些品种混合制作或单独制作、混合拼配而成的乌龙茶，统称“色种”。

3. 广东乌龙茶

广东省潮州地区所产的凤凰单枞和岭头单枞最出名。近年来，广东的石古坪乌龙茶品质也较出众，其次是产于饶平县的饶平色种，它是用各色不同品种的芽叶制成，主要品种有大叶奇兰、黄棱、铁观音、梅占等。

4. 台湾乌龙茶

台湾省所产的乌龙茶，根据其萎凋做青程度不同分台湾乌龙和台湾包种两类。台湾乌龙萎凋做青程度较重，汤色金黄明亮，滋味浓厚，有熟果味香。最出名的台湾乌龙是产于南投县凤凰山、鹿谷镇、名间的“冻顶乌龙”，香味特佳。其次是新竹县一带的峨眉、北浦等地的乌龙茶。台湾包种因发酵程度较轻，叶色较绿，汤色黄亮，滋味近似绿茶。

（四）白茶

白茶属于微发酵茶（发酵程度 10%），基本工艺流程是萎凋、晒干或烘干。白茶常选用芽叶上白茸毛多的品种，如福鼎大白茶，芽壮多毫，制成的成品茶满披白毫，十分素雅，汤色清淡，味鲜醇。白茶主产于福建省的福鼎、政和、松溪和建阳等地，台湾省也有少量生产。白茶因采用原料不同，分芽茶与叶茶两类。

慕课：白茶概述

白茶

完全用大白茶的肥壮芽头制成的白茶属芽茶。典型的芽茶就是白毫银针，其外形色白如银、挺直如针。白毫银针十分名贵，畅销我国港澳地区和东南亚。白毫银针主产于福建的福鼎和政和等地。

叶茶包括白牡丹、贡眉、寿眉等品目。白牡丹采摘一芽二叶为原料，摊叶萎凋后直接烘干。成茶芽头挺直，叶缘垂卷，叶背披满白毫，叶面银绿色，芽叶连枝，形似牡丹而得名。贡眉采摘一芽二三叶为原料，经萎凋、烘干制成。寿眉采来芽叶，将芽摘下制银针，摘下叶片萎凋后烘干，每张叶片的叶缘微卷曲，叶背披满白毫，酷似老寿星的眉毛而得名。

（五）黄茶

黄茶属于轻发酵茶（发酵程度 10%～20%），品质特点是黄汤黄叶，这是制茶过程中进行闷堆渥黄的结果。有的揉前堆积闷黄，有的揉后堆积或久摊闷黄，有的初烘后堆积闷黄，有的再烘时闷黄。黄茶依原料芽叶的嫩度和大小可分为黄芽茶、黄小茶和黄大茶三类。

慕课：黄茶概述

黄茶

黄芽茶原料细嫩，采摘单芽或一芽一叶加工而成，主要包括湖南岳阳洞庭湖君山的“君山银针”、四川雅安名山的“蒙顶黄芽”和安徽霍山的“霍山黄芽”。

黄小茶采摘细嫩芽叶加工而成，主要包括湖南岳阳的“北港毛尖”、宁乡的“沩山毛尖”、湖北远安的“远安鹿苑”和浙江温州平阳一带的“平阳黄汤”。

黄大茶采摘一芽二三叶、一芽四五叶为原料制作而成，主要包括安徽霍山的“霍山黄大茶”和广东韶关、肇庆、湛江等地的“广东大叶青”。

（六）黑茶

黑茶属后发酵茶（发酵程度 100%）。黑茶产量较大，仅次于绿茶、红茶，以边销为主，又称为“边销茶”。黑茶的原料一般较粗老，加之制造过程中往往堆积时间较长，因而叶色油黑或黑褐，故称黑茶。

慕课：黑茶概述

黑茶

黑茶的制作工艺为：杀青、揉捻、渥堆、干燥。渥堆是决定黑茶品质风格的关键。黑茶因产地和工艺上的分别有湖南黑茶、湖北老青茶、四川边茶、滇桂黑茶之分，其中云南的普洱茶（熟）古今中外久负盛名。黑茶压制成的砖茶、饼茶、沱茶等紧压茶，是少数民族不可缺少的饮料，冲泡时最好在沸水中煮几分钟。

课堂讨论：现在市面上最流行的是哪种茶，为什么？

技能训练一：辨别六大基本茶类

一、实训目的

通过对六大基本茶类的学习，了解六大基本茶类的品质特点，能区分不同种类的茶叶，能够识别常见的茶叶品种。

二、实训内容

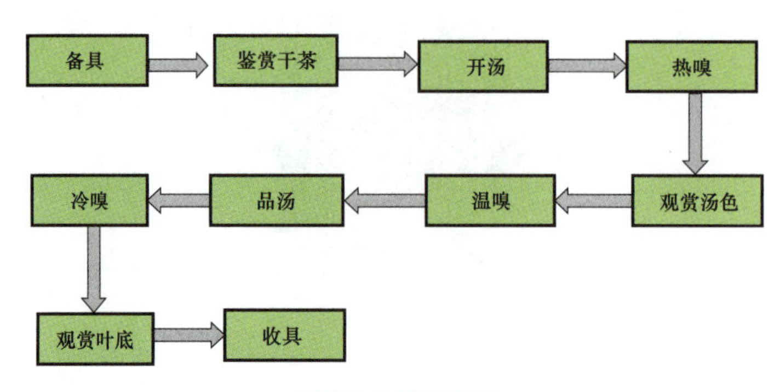

辨别六大基本茶类

三、实训器具

茶盘、茶荷、茶艺五用、随手泡、茶巾、盖碗、透明玻璃茶海、品茗杯、闻香杯、过滤网，六大基本茶类（各选两种代表）。

四、实训步骤

1. 准备好器皿，清洗干净，烧好热水，将茶叶放入茶荷中。

2. 鉴赏放在茶荷中的干茶，观察外形，用手轻捻少许，闻干茶香气，记录细节。

3. 用盖碗冲泡茶叶，将茶汤置入茶海中，分汤。

4. 闻取热香，记录细节。

5. 观赏汤色，记录细节。

6. 待茶略温，闻取香气，记录细节。

7. 品饮茶汤，记录细节。

8. 待茶汤冷却，闻取香气，记录细节。

9. 观察叶底情况，记录细节。

10. 清洗器皿，收拾茶具。

五、测试

根据各组记录细节，给出实训分数。

评分表

二、再加工茶类

绿茶、红茶、乌龙茶、白茶、黄茶、黑茶是基本茶类，以这些基本茶类作原料进行再加工以后的产品统称再加工茶类。常见的有花茶、紧压茶、萃取茶、药用保健茶和含茶饮料等。

（一）花茶

把茶叶和香花进行拼和、窨制，使茶叶吸收花香而制成的花茶，亦称熏花茶。内销市场主要是华北、东北地区，以山东、北京、天津、成都销量最大，外销也有一定市场。窨制花茶的茶坯主要是绿茶中的烘青，也有少量的炒青，如大方、毛峰等。红茶与乌龙茶窨制成花茶的数量不多，白茶窨制的花茶价格较高。花茶因窨制的香花不同分为茉莉花茶、白兰花茶、珠兰花茶、玳玳花茶、柚子花茶、桂花茶、玫瑰花茶、栀子花茶、米兰花茶和树兰花茶等。也有把花名和茶名联在一起称呼的，如茉莉烘青、珠兰大方、茉莉毛峰、桂花铁观音、玫瑰红茶、树兰乌龙、茉莉水仙等。各种花茶，独具特色，但总的品质是香气鲜灵浓郁、滋味浓醇鲜爽、汤色明亮。

我国花茶中产量最多的是茉莉花茶，其制作工序是茶与花拼和、窨花吸香、通花、起花、复火、提花、匀堆装箱。

花茶

（二）紧压茶

各种散茶经再加工蒸压成一定形状而制成的茶叶称紧压茶或压制茶。根据采用原料茶类不同可分为绿茶紧压茶、红茶紧压茶、乌龙茶紧压茶和黑茶紧压茶。

紧压茶

（三）萃取茶

以成品茶或半成品茶为原料，用热水萃取茶叶中的可溶物，过滤弃去茶渣，获得的茶汁，经浓缩或不浓缩，干燥或不干燥，制备成固态或液态茶，统称萃取茶，主要有罐装饮料茶、浓缩茶及速溶茶。

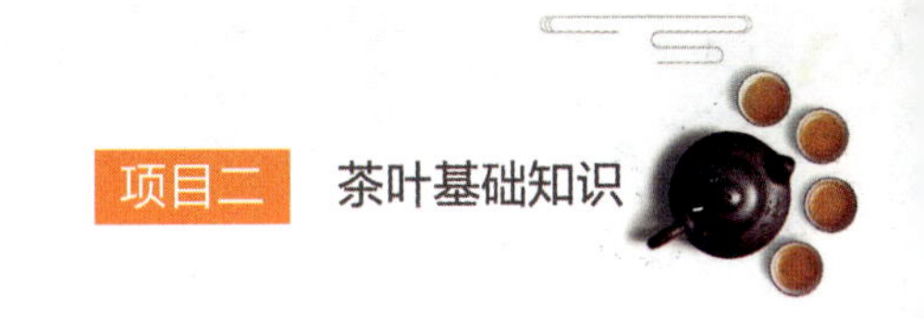

（四）药用保健茶

用茶叶和某些中草药或食品拼和调配后制成各种保健茶，使本来就有营养保健作用的茶叶，更加强了某些防病治病的功效。保健茶种类繁多，功效也各不相同。

（五）含茶饮料

随着现代饮料工业的开发，更加注重饮料的营养与保健功效，茶是人们公认的保健饮料，因此在饮料中添加各种茶汁是开发新型饮料的一个途径。近年来出现于市场上的含茶饮料有“冰红茶”“冰绿茶”“冰乌龙茶”“奶茶”等。

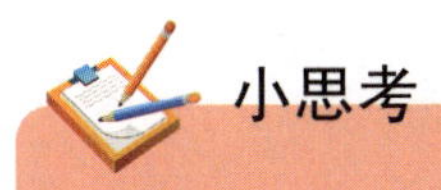
小思考

含茶饮料是否是健康饮品？

任务二　中国十大名茶

翻 转 课 堂

问题一：为什么西湖龙井被称为“国茶”？
问题二：中国十大名茶之中有哪几种绿茶？
问题三：武夷岩茶有哪些知名品种？
问题四：你能讲一个关于中国十大名茶的故事吗？
问题五：奶茶都是甜的吗？

何为名茶？名茶是指具有独特的外形和优异的品质，色香味俱佳，并具有较高知名度的好茶。名茶的形成除了具备优越的自然条件、生态环境和精心采制加工外，往往还有一定的历史渊源和文化背景。

慕课：中国十大名茶

一、西湖龙井

（一）产地

西湖龙井属炒青绿茶，产于浙江杭州西湖的狮峰、翁家山、虎跑、梅家坞、云栖、灵隐一带的群山之中。杭州产茶历史悠久，早在唐代陆羽的《茶经》中就有记载，龙井茶则始产于宋代。

（二）品质特点

龙井茶以“色翠、香郁、味甘、形美”四绝著称于世，素有“国茶”之称。成品茶外形光扁平直，色翠略黄呈“糙米色”，滋味干鲜醇和，香气优雅清高，汤色碧绿轻盈，叶底细嫩成朵，一旗一枪，交错相映，大有赏心悦目之享受。

西湖龙井

西湖龙井的传说

二、洞庭碧螺春

（一）产地

洞庭碧螺春产于我国江苏省苏州市的吴县洞庭山。碧螺春创制于明朝，乾隆下江南时已是声名赫赫了。

（二）品质特点

外形条索紧结，卷曲成螺，满身披毫，银口隐翠，香气浓郁，滋味鲜醇甘厚，回味绵长，汤色清澈明亮，叶底嫩绿，有“一嫩（芽叶嫩）三鲜（色、香、味）”之称，是我国名茶中的珍品，以“形美、色艳、香浓、味醇”而闻名中外。

碧螺春

碧螺春的传说

三、信阳毛尖

（一）产地

信阳毛尖产于河南省信阳市西部海拔600米左右的车云山一带，创制于清朝末年。

（二）品质特点

信阳毛尖属于锅炒杀青的特种烘青绿茶。条索细紧圆直，色泽翠绿，白毫显露；汤色、叶底均呈嫩绿明亮；叶底芽壮、匀整；茶叶香气属清香型，并不同程度表现出毫香、鲜嫩香、熟板栗香；茶叶滋味浓醇鲜爽、高长而耐泡，素以“色翠、味鲜、香高”著称。

信阳毛尖

信阳毛尖的传说

四、君山银针

（一）产地

君山银针产于湖南省洞庭湖中的君山岛上，属于黄茶类针形茶，有“金镶玉”之称。

（二）品质特征

君山银针芽头肥壮，紧实挺直，芽身金黄，满披银毫，汤色橙黄明净，叶底嫩黄明亮，香气清鲜，滋味甜爽。冲泡时，芽尖冲向水面，悬空竖立，然后徐徐下沉杯底，形如群笋出土，又像银刀直立，有“洞庭帝子春长恨，二千年来草更长”的描写。

君山银针

君山银针的传说

五、六安瓜片

（一）产地

六安瓜片产于安徽六安和金寨两县的齐云山。六安为古时淮南著名茶区，早在东汉时就已有茶。唐朝中期，六安茶区的茶园粗具规模，所产茶叶开始出名。

（二）品质特点

其外形平展，每一片不带芽和茎梗，叶呈绿色光润，微向上重叠，形如瓜子，内质香气清高，水色碧绿，味甘鲜，耐冲泡，叶底厚实明亮。此茶不仅可消暑解渴生津，而且还有极强的助消化作用和治病疗效。明代闻龙在《茶笺》中称，六安茶入药最有功效，因此被视为珍品。

六安瓜片

六安瓜片的传说

六、黄山毛峰

（一）产地

黄山毛峰属烘青绿茶，产于安徽省黄山，始创于清代光绪年间。黄山产茶的历史可追溯至宋朝嘉祐年间。至明朝隆庆年间，黄山茶已很有名气了。

（二）品质特点

特级黄山毛峰堪称我国毛峰之极品，其形似雀舌，匀齐壮实，峰毫显露，色如象牙，鱼叶金黄，香气清香高长，汤色清澈明亮，滋味鲜醇回甘，叶底嫩黄成朵。黄金片和象牙色是黄山毛峰的两大特点。

黄山毛峰

黄山毛峰的传说

七、祁门红茶

（一）产地

祁门红茶主产地是安徽省祁门，与之相邻的东至、贵池、石台、黟县一带也有生产。该茶创制于清朝光绪元年，是我国红茶中的珍品。

（二）品质特点

祁门红茶外形条索紧秀，锋苗好，色泽乌润泛黑光，俗称“宝光”；茶汤颜色红艳，叶底嫩软红亮；内质香气浓郁高长，似蜜糖香，又蕴藏兰花香，滋味醇厚，味中有香，香中带甜，回味隽永，其特有的香气在国际市场上被称为“祁门红香”。

祁门红茶

祁门红茶的传说

八、都匀毛尖

（一）产地

贵州省都匀是都匀毛尖的主要产地，那里山谷起伏，海拔千米，峡谷溪流，林木苍郁，云雾笼罩，冬无严寒，夏无酷暑，四季宜人。

（二）品质特征

都匀毛尖具有“三绿透黄色”的特色，即干茶色泽绿中带黄、汤色绿中透黄、叶底绿中显黄。都匀毛尖色泽翠绿，外形匀整，白毫显露，条索卷曲；香气清嫩，滋味鲜浓，回味甘甜，汤色清澈，叶底明亮，芽头肥壮。

都匀毛尖

都匀毛尖的传说

九、安溪铁观音

（一）产地

安溪铁观音产于福建的安溪县。早在唐朝安溪就已产茶，铁观音创始时间则在清朝。

（二）产品特点

铁观音是乌龙茶的极品。茶条卷曲，肥壮圆结，沉重如铁，呈现青蒂绿腹蜻蜓头状，色泽鲜润，沙绿显，红点明，叶表有白霜；具有天然兰花香，汤色金黄，浓艳青涩；叶底肥厚明亮，具有绸面光泽，滋味醇厚甘鲜，入口回甘带蜜味；香气馥郁持久，有“七泡有余香”的美誉。

铁观音

铁观音的传说

十、武夷岩茶

（一）产地

武夷岩茶产于福建闽北“秀甲东南”的武夷山一带，茶树生长在岩缝之中。武夷岩茶具有绿茶之清香，红茶之甘醇，是中国乌龙茶中之极品。武夷岩茶属半发酵的青茶，制作方法介于绿茶与红茶之间。最著名的武夷岩茶是大红袍茶。

（二）品质特征

武夷岩茶外形弯条型，色泽乌褐或带墨绿，或带沙绿，或带青褐，或带宝色。条索紧结、或细紧或壮结，汤色橙黄至金黄、清澈明亮。香气带花、果香型，瑞则浓长，清则幽远，或似水蜜桃香、兰花香、桂花香、乳香，等等。滋味醇厚滑润甘爽，带特有的“岩韵”。叶底软亮，呈绿叶红镶边，或叶缘红点泛现。

武夷岩茶

大红袍的传说

课堂讨论：你还听说过其他的名茶吗？它们有哪些优点？

技能训练二：鉴赏中国十大名茶

一、实训目的

品饮中国十大名茶，了解名茶品质特征，学习如何辨别真假名茶。

二、实训内容

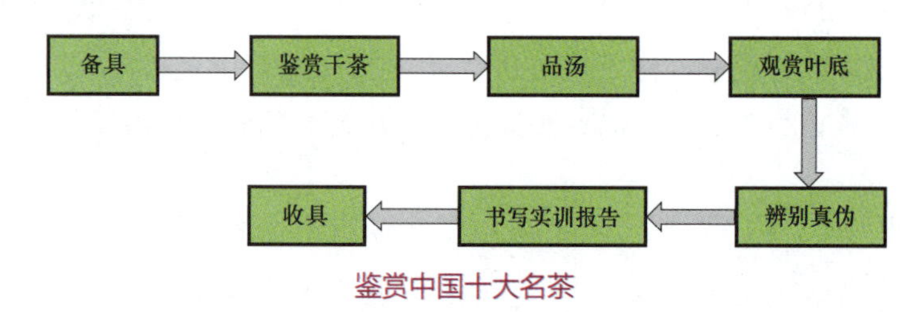

鉴赏中国十大名茶

三、实训器具

茶盘、茶荷、茶艺五用、随手泡、茶巾、盖碗、透明玻璃茶海、品茗杯、闻香杯、过滤网，中国十大名茶中的五种，劣质假茶若干。

四、实训步骤

1. 准备好器皿，清洗干净，烧好热水，将茶叶放入茶荷中。

2. 鉴赏放在茶荷中的干茶，观察外形，用手轻捻少许，闻干茶香气，记录细节。

3. 用盖碗冲泡茶叶，将茶汤置入茶海中，分汤。

4. 品饮茶汤，用心回味。

5. 观察叶底情况，寻找亮点。

6. 与假茶比较真伪，找出不同点，记录细节。

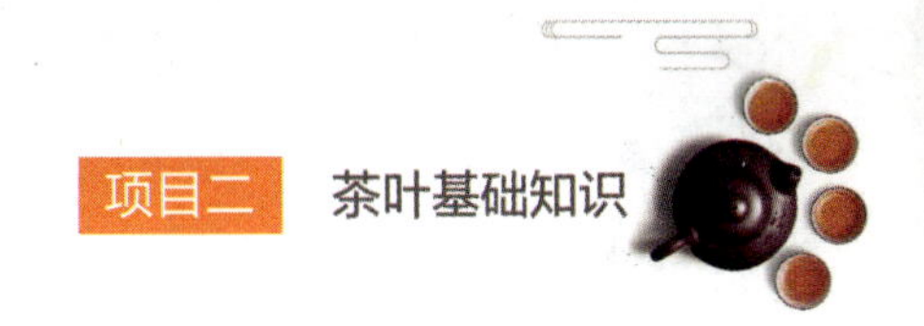

7. 清洗器皿，收拾茶具。

五、测试

根据各组记录的细节，给出实训分数。

评分表

知识拓展：少数民族饮茶习俗

慕课：少数民族饮茶习俗

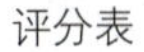

课后习题

一、判断题

1. 武夷岩茶是乌龙茶，优质岩茶茶香馥郁胜似兰花而深沉持久，浓饮不苦不涩，味浓醇清香，有石骨花香之誉，称为“岩韵”。多次冲泡，余韵犹存。（　）

2. 白茶品质特点是叶色墨黑或褐绿色，汤色深黄或褐红。（　）

3. 黄茶按鲜叶老嫩不同，分为蒙顶茶、黄大茶、太平猴魁三大类。（　）

二、选择题

1. 乌龙茶（青茶）按产地分为闽北乌龙、闽南乌龙、广东乌龙、台湾乌龙。下面属于闽北乌龙的是（　）。

A. 武夷岩茶、水仙、大红袍、肉桂等

B. 铁观音、奇兰、水仙、黄金桂等

C. 凤凰单枞、凤凰水仙、岭头单枞等

D. 冻顶乌龙、包种、乌龙等

2. 制作乌龙茶鲜叶采摘的标准是（　），大都为对口叶，芽叶已成熟。

A. 二叶一芽　　B. 一叶一芽　　C. 四叶一芽　　D. 五叶一芽

3. 红茶的发酵度是（　），其叶色深红，茶汤呈朱红色。

A. 0%　　B. 30%　　C. 50%　　D. 100%

4. 乌龙茶属于青茶类，为半发酵茶，其茶叶呈深绿或青褐色，茶汤呈蜜绿或（　　）。

A. 绿　　B. 浅绿　　C. 黄　　D. 蜜黄

5. 十大名茶中的君山银针属于六大茶类中的（　　）。

A. 红茶　　B. 绿茶　　C. 青茶　　D. 黄茶

E. 黑茶　　F. 白茶

6. 茶叶分为绿茶、红茶、黄茶、青茶、白茶、黑茶六大类，分类的基本依据是（　　）。

A. 发酵程度　　B. 产地

C. 形状　　D. 工艺和茶多酚氧化程度

7. 红茶、绿茶、乌龙茶的香气主要特点是（　　）。

A. 红茶清香，绿茶甜香，乌龙茶香

B. 红茶甜香、绿茶花香、乌龙茶熟香

C. 红茶浓香、绿茶清香、乌龙茶香甜

D. 红茶香甜、绿茶板栗香、乌龙茶花香

三、问答题

1. 讲述一个关于中国十大名茶的故事。

2. 总结茶叶制作的几种工艺名称。

3. 为什么少数民族认为“不可一日无茶”？

四、实践题

分组到市场上去品尝三种中国十大名茶，撰写小组报告。

项目三

泡茶知识

品茶，不仅满足人体的生理与健康的需要，而且成为人们进行社交的媒介及修身养性、陶冶情操的美好享受。我国历来对选茗、取水、备具、佐料、烹茶、奉茶及其品尝方法等都颇为讲究，因而逐渐形成了丰富多彩、雅俗共赏的饮茶习俗、品茶技艺等茶文化体系。

关键词：泡茶四要素　饮茶禁忌

学习目标：初步了解泡茶用水的选择，掌握泡茶四要素的基本要求；了解茶具的分类，能识别不同质地和不同用途的茶具；了解饮茶与健康方面的知识，可以针对不同人群给出饮茶建议。

任务导入

泡茶就是用开水浸泡茶叶，使其成为茶汤的过程。我国历代茶人对取水一事，颇多讲究，有人取“初雪之水”“朝露之水”“清风细雨中的无根水”，你知道是为什么吗？这些水好在哪里？现代社会还能用这些水泡茶吗？

任务解析

水对于茶汤品质影响非常大，古人对于天水的追求过于片面，在现代可以用矿泉水、纯净水代替。

明代许次纾在《茶疏》中说：“茶滋于水，水藉乎器，汤成于火。四者相须，缺一则废。”要泡好一杯茶，要做到以茶配具、以茶配水、以茶配艺，使这些重要因素在整个泡茶过程中得到恰如其分的运用，体现出神、美、智、均、巧的精神内涵，只有这样我们才能真正领略到茶文化的精髓和品茶的乐趣。

任务一 泡茶用水

翻转课堂

问题一：生活中的“好水”与茶艺中用的“好水”是否一致？

问题二：泡茶应该放多少水合适？

问题三：为什么有时候饮茶会影响睡眠？

“从来名士能评水，自古高僧爱斗茶。”这副茶联极生动地说明了“评水”是茶艺的一项基本功，所以茶人们常说“水是茶之母”或“水是茶之体”。

慕课：泡茶用水

一、好水的主要指标

饮茶与水是密不可分的。作为好水要达到以下指标。

（一）感官指标

色度不超过15度，即无异色；浑浊度不超过5度，即水呈透明状，不浑浊；无异常的气味和味道，不含有肉眼可见物；使人有清洁感。

（二）化学指标

pH 为 6.5～8.5。茶汤水色对 pH 相当敏感：pH 降至 6 以下时，水的酸性太大，汤色变淡；pH 高于 7.5 呈碱性时，茶汤变黑。

（三）水的总硬度

水的总硬度不高于 25 度。水的硬度是反映水中矿物质含量的指标，分为碳酸盐硬度及非碳酸盐硬度两种。前者在煮沸时产生碳酸钙、碳酸镁等沉淀物，因此煮沸后水的硬度会改变，故亦称暂时硬度，这种水称“暂时硬水”；后者在煮沸时无沉淀产生，水的硬度不变，故亦称永久硬度，这种水为“永久硬水”。

水的硬度会影响茶叶成分的浸出率。软水中溶质含量较少，茶叶成分浸出率高；硬水中矿物质含量高，茶叶成分浸出率低。尤其是当硬度为 30 度以上时，茶叶中的茶多酚等成分的浸出率就会明显下降。并且硬度大也就是水中钙、镁等矿物质含量高，还会引起茶多酚、咖啡碱沉淀，造成茶汤变浑，味道变淡。茶的风味最易受水质的影响，如泡绿茶最好用硬度为 3～8 度的水。日本水质较软，大部分水的硬度为 7～9 度，冲泡的绿茶滋味鲜爽、汤色亮绿，因此日本人偏爱绿茶。而欧洲国家的水质较硬，很多地方高于 20 度，泡绿茶时汤色为黑褐色，且滋味不正常，因此那里的绿茶不如红茶、咖啡普及。

现在自来水的硬度一般不超过 25 度。在自然界中，雨水、雪水等天然水本是地上水分蒸发而成的，纯度较高，硬度低，属于软水；泉水、江水等在石间土中流动，溶入了多种矿物质，硬度高，但多为暂时硬水，煮沸后硬度下降。

小思考

英国人为什么最终会爱上红茶，而不是其他茶类？

（四）水中氯离子浓度

水中氯离子浓度不超过 0.5 毫克/升，否则有不良气味，茶的香、色会受到很大影响。水中氯离子多时，可先积水放一夜，然后烧水时保持沸腾 2～3 分钟。

（五）水中氯化钠的含量

水中氯化钠的含量应在 200 毫克/升以下，否则咸味明显，对茶汤的滋味有干扰。

（六）水中铁、锰浓度

水中铁浓度不超过 0.3 毫克/升、锰不超过 0.1 毫克/升，否则茶叶汤色变黑，甚至水面浮起一层“锈油”。

同时，作为饮用水必须达到的安全指标如下：

（1）微生物学指标。水一旦遭到微生物污染，就会造成传染病的暴发。理想的饮用水不应含有已知致病微生物。生活饮用水的微生物指标为细菌总数在 1 毫升水中不超过 100 个，大肠杆菌群在 100 毫升水中不得检出。

（2）毒理学指标。生活用水中如含有化学物质，长期接触会引起健康问题，特别是蓄积性毒物和致癌物质的危害。生活饮用水的卫生标准中，包含 15 项化学物质指标，如氟化物、氰化物、砷、硒、汞、镉、铬、铅、硝酸盐、三氯甲烷、四氯化碳等。这些物质不得超过规定浓度。

到底什么样的水泡茶最好，不可一概而论。在自然界中，大抵来说，在无污染的情况下，只有雪水、雨水、露水才称得上是软水，其他如泉水、江水、河水、湖水、井水等，都是硬水。用软水沏茶，香高味醇，自然很好，但软水不可多得。硬水的主要成分是碳酸氢钙和碳酸镁，一经高温煮沸，就会立即分解沉淀，使硬水变成软水，因此同样能泡一杯好茶。

二、现代人泡茶用水的选择

（一）纯净水

现代科学的进步，采用多层过滤和超滤、反渗透技术，可将一般的饮用水变成不含有任何杂质的纯净水，并使水的酸碱度达到中性。用这种水泡茶，不仅因为净度好、透明度高，沏出的茶汤晶莹透彻，而且香气滋味醇正，无异杂味，鲜

醇爽口。市面上纯净水品牌很多，大多数都宜泡茶。除纯净水外，还有质地优良的矿泉水也是较好的泡茶用水。

（二）自来水

自来水含有用来消毒的氯气等，在水管中滞留较久的，还含有较多的铁质。当水中的铁离子含量超过万分之五时，会使茶汤呈褐色，而氯化物与茶中的多酚类作用，又会使水喝起来有苦涩味。所以用自来水沏茶，最好用无污染的容器，先贮存一天，待氯气散发后再煮沸沏茶，或者采用净水器将水净化，这样就可成为较好的沏茶用水。

（三）井水

井水属地下水，悬浮物含量少，透明度较高。但它又多为浅层地下水，特别是城市井水，易受周围环境污染，用来沏茶，有损茶味。所以，若能汲得活水井的水沏茶，同样也能泡得一杯好茶。唐代陆羽《茶经》中说的“井，取汲多者”，明代陆树声讲的“井取汲多者，汲多则水活”，说的就是这个意思。明代焦竑的《玉堂丛语》，清代窦光鼐、朱筠的《日下旧闻考》中都提到的京城文华殿东大庖井，水质清明，滋味甘冽，曾是明清两代皇宫的饮用水源。福建南安观音井，曾是宋代的斗茶用水，如今犹在。

（四）江、河、湖水

江、河、湖水属地表水，含杂质较多，浑浊度较高，一般说来，沏茶难以取得较好的效果，但在远离人烟，又是植被生长繁茂之地，污染物较少，这样的江、河、湖水，仍不失为沏茶好水。如浙江桐庐的富春江水、淳安的千岛湖水、绍兴的鉴湖水就是例证。唐代陆羽在《茶经》中说：“其江水，取去人远者。”说的就是这个意思。唐代白居易在诗中说：“蜀茶寄到但惊新，渭水煎来始觉珍。”认为渭水煎茶很好。唐代李群玉曰：“满火芳香碾麹尘，吴瓯湘水绿花新。”说湘水煎茶也不差。明代许次纾在《茶疏》中更进一步说：“黄河之水，来自天上。浊者土色也，澄之既净，香味自发。”也就是说即使混浊的黄河水，只要经澄清处理，同样也能使茶汤香高味醇。这种情况，古代如此，现代也同样如此。

（五）山泉水

山泉水大多出自岩石重叠的山峦。山上植被繁茂，从山岩断层细流汇集而成的山泉，富含对人体有益的微量元素；而经过砂石过滤的泉水，水质清净晶莹，用这种泉水泡茶，能使茶的色、香、味、形得到最大发挥。但也并非山泉水都可以用来沏茶，如硫黄矿泉水是不能沏茶的。另外，山泉水也不是随处可得。因此，对多数茶客而言，只能视条件和可能去选择宜茶水品了。

（六）雪水和雨水

雪水和雨水，被古人誉为“天泉”。用雪水泡茶，在古诗文中多有提及。如唐代大诗人白居易《晚起》诗中的“融雪煎香茗”，宋代著名词人辛弃疾《六幺令》词中的“细写茶经煮香雪”，还有元代诗人谢宗可《雪煎茶》诗中的“夜扫寒英煮绿尘”，清代曹雪芹的“却喜侍儿知试茗，扫将新雪及时烹”都是写用雪水泡茶的。《红楼梦》第四十一回“贾宝玉品茶栊翠庵”中也写道，妙玉用在地下珍藏了五年的、取自梅花上的雪水煎茶待客。至于雨水，综合历代茶人泡茶的经验，认为秋天雨水，因天高气爽，空中尘埃少，水味清冽，当属上品；梅雨季节的雨水，因天气沉闷，阴雨连绵，较为逊色；夏季雨水，雷雨阵阵，飞沙走石，因此水质不净，会使茶味“走样”。但雪水和雨水，与江、河、湖水相比，总是洁净的，不失为泡茶好水，不过，空气污染较为严重的地方，如酸雨的水，不能泡茶，同样污染很严重的城市的雪水也不能用来泡茶。

《红楼梦》品茶栊翠庵

饮茶用水的典故

三、泡茶四要素

（一）茶叶用量

茶叶用量就是每杯或每壶中放适量的茶叶。泡一杯茶或一壶茶，首先要掌握茶叶用量。每次茶叶用多少，并没有统一标准，主要根据茶叶种类、茶具大小以及饮者的饮用习惯而定。一般而言，水多茶少，滋味淡薄；茶多水少，茶汤苦涩不爽。因此，细嫩的茶叶用量要多；较粗的茶叶，用量可少些。

普通的红、绿茶类（包括花茶），可大致掌握在 1 克茶冲泡 50～60 毫升水。如果是 200 毫升的杯（壶），那么，放上 3 克左右的茶，冲水至七八成满，就成了一杯浓淡适宜的茶汤。若饮用云南普洱茶，则需放茶叶 5～8 克。

乌龙茶因习惯浓饮，注重品味和闻香，故要汤少味浓，用茶量以茶叶与茶壶比例来确定，投茶量大致是茶壶容积的 1/3～1/2。广东潮汕地区，投茶量达到茶壶容积的 1/2～2/3。

茶、水的用量还与饮者的年龄、性别有关。大致来说，中老年人比年轻人饮茶要浓，男性比女性饮茶要浓。如果饮茶者是老茶客或是体力劳动者，一般可以适量加大茶量；如果饮茶者是新茶客或是脑力劳动者，可以适量少放一些茶叶。

一般来说，茶不可泡得太浓，因为浓茶有损胃气，茶叶中含有鞣酸，太浓太多，可收缩消化黏膜，妨碍胃吸收，引起便秘和牙黄。同时，太浓的茶汤和太淡的茶汤不易让人体会出茶香嫩的味道。古人谓饮茶“宁淡勿浓”是有

一定道理的。

（二）冲泡水温

据测定，用 60 ℃的水冲泡茶叶，与等量 100 ℃的水冲泡茶叶相比，在时间和用茶量相同的情况下，茶汤中的茶汁浸出物含量，前者只有后者的 45%～65%。这就是说，冲泡茶的水温高，茶汁就容易浸出；冲泡茶的水温低，茶汁浸出速度慢。“冷水泡茶慢慢浓”，说的就是这个意思。

泡茶的茶水一般以落开的沸水为好，这时的水温约 85 ℃。滚烫的沸水会破坏维生素 C 等成分，而咖啡碱、茶多酚很快浸出，使茶味会变苦涩；水温过低则茶叶浮而不沉，内含的有效成分浸泡不出来，茶汤滋味寡淡，不香、不醇、淡而无味。

泡茶水温的高低，还与茶的老嫩、松紧、大小有关。大致说来，茶叶原料粗老、紧实、整叶的，要比茶叶原料细嫩、松散、碎叶的，茶汁浸出要慢得多，所以，冲泡水温要高。

水温的高低，还与冲泡的品种花色有关。具体说来，高级细嫩名茶，特别是高档的名绿茶，开香时水温为 95 ℃，冲泡时水温为 80～85 ℃。只有这样泡出来的茶汤色清澈不浑，香气纯正而不钝，滋味鲜爽而不熟，叶底明亮而不暗，使人饮之可口，视之动情。如果水温过高，汤色就会变黄；茶芽因“泡熟”而不能直立，失去欣赏性；维生素遭到大量破坏，降低营养价值；咖啡碱、茶多酚很快浸出，又使茶汤产生苦涩味：这就是茶人常说的把茶“烫熟”了。反之，如果水温过低，则渗透性较低，往往使茶叶浮在表面，茶中的有效成分难以被浸出，造成茶味淡薄，同样会降低饮茶的功效。大宗红、绿茶和花茶，由于茶叶原料老嫩适中，故可用 90 ℃左右的开水冲泡。

冲泡乌龙茶、普洱茶和沱茶等特种茶，由于原料并不细嫩，加之用茶量较大，所以，须用刚沸腾的 100 ℃开水冲泡。特别是乌龙茶，为了保持和提高水温，要在冲泡前用滚开水烫热茶具，冲泡后用滚开水淋壶加温，目的是增加温度，使茶香充分发挥出来。

至于紧压茶，要先将茶捣碎成小块，再放入壶或锅内煎煮后，才供人们饮用。

判断水的温度可先用温度计和计时器测量，等掌握之后就可凭经验来断定

了。当然所有的泡茶用水都得煮开，以自然降温的方式来达到控温的效果。

（三）冲泡时间

茶叶冲泡时间差异很大，与茶叶种类、泡茶水温、用茶数量和饮茶习惯等有关。

如用茶杯泡饮普通红茶、绿茶，每杯放干茶 3 克左右，用沸水约 150～200 毫升，冲泡时宜加杯盖，避免茶香散失，时间以 3～5 分钟为宜。时间太短，茶汤色浅淡；茶泡久了，增加茶汤涩味，香味还易丧失。不过，新采制的绿茶可冲水不加杯盖，这样汤色更艳。用茶量多的，冲泡时间宜短，反之则宜长。质量好的茶，冲泡时间宜短，反之宜长些。

茶的滋味是随着时间延长而逐渐增浓的。据测定，用沸水泡茶，首先浸出来的是咖啡碱、维生素、氨基酸等，大约到 3 分钟时，含量较高。这时饮起来，茶汤有鲜爽醇和之感，但缺少饮者需要的刺激味。以后，随着时间的延续，茶多酚浸出物含量逐渐增加。因此，为了获取一杯鲜爽甘醇的茶汤，对大宗红茶、绿茶而言，头泡茶以冲泡后 3 分钟左右饮用为好，若想再饮，到杯中剩有三分之一茶汤时，再续开水，依次类推。高档红、绿茶，需要考虑茶叶细嫩程度，减少冲泡时间，以便提升茶汤品质。

对于注重香气的乌龙茶、花茶，泡茶时，为了不使茶香散失，不但需要加盖，而且冲泡时间不宜长，通常 2～3 分钟即可。由于泡乌龙茶时用茶量较大，因此，第一泡 15 秒就可将茶汤倾入杯中，第二泡 20 秒，第三泡 30 秒，第三泡后每次比前一泡增加 15 秒左右，这样茶汤浓度不致相差太大。

白茶冲泡时，要求沸水的温度在 70 ℃左右，一般在 4～5 分钟后，浮在水面的茶叶才开始徐徐下沉，这时，饮者应以欣赏为主，观茶形，察沉浮，从不同的茶姿、颜色中使自己的身心得到愉悦，一般到 10 分钟，方可品饮茶汤。否则，不但失去了品茶艺术的享受，而且饮起来淡而无味。这是因为白茶加工未经揉捻，细胞未曾破碎，茶汁很难浸出，所以浸泡时间须相对延长。

黑茶冲泡时，要求沸水一般洗两次茶后，根据松散情况确定冲泡时间。紧压黑茶冲泡时间较长，一般为 3～5 分钟；散装黑茶冲泡时间略短，一般在几十秒左右。

另外，冲泡时间还与茶叶老嫩和茶的形态有关。一般说来，凡原料较细

嫩，茶叶松散的，冲泡时间可相对缩短；相反，原料较粗老，茶叶紧实的，冲泡时间可相对延长。总之，冲泡时间的长短，最终还是以适合饮者的口味来确定为好。

（四）冲泡次数

据测定，茶叶中各种有效成分的浸出率是不一样的，最容易浸出的是氨基酸和维生素 C，其次是咖啡碱、茶多酚、可溶性糖等。一般茶冲泡第一次时，茶中的可溶性物质能浸出 50%～55%；冲泡第二次时，能浸出 30%左右；冲泡第三次时，能浸出约 10%；冲泡第四次时，只能浸出 2%～3%，几乎是白开水了。所以，通常以冲泡三次为宜。

如饮用颗粒细小、揉捻充分的红碎茶和绿碎茶，由于这类茶的内含成分很容易被沸水浸出，一般都是冲泡一次就将茶渣滤去，不再重泡。速溶茶，也是采用一次冲泡法，工夫红茶则可冲泡 3～5 次。而条形绿茶如眉茶、花茶通常只能冲泡 2～3 次。白茶和黄茶，一般能冲泡 4～5 次。

品饮乌龙茶多用小型紫砂壶，在用茶量较多时（约半壶）的情况下，可连续冲泡 4～6 次，甚至更多。

课堂讨论： 你觉得泡茶四要素哪个更重要，为什么？

任务二　泡茶用具

翻转课堂

问题一：紫砂壶是最佳的泡茶器皿吗？

问题二：玻璃茶具适合泡什么茶？

问题三：为什么在表演茶艺冲泡程序之前需要介绍茶具？

问题四：怎样才能保证饮茶健康？

古语说“器乃茶之父，水乃茶之母”，可见茶具对于泡茶的重要性。“美食需用美器配”，饮茶同样应选择相宜的茶具，以便衬托出茶叶的色与形，保持住茶叶的香与味。同时，茶具本身的质地、色泽、图案等蕴含的艺术内容，可陶冶性情、增长知识，增添品茗的情趣。

慕课：泡茶用具

一、茶具的种类

（一）陶器茶具

陶器，是新石器时代的重要发明，最初是粗糙的土陶，逐渐演变成比较坚实的硬陶和彩釉陶。陶器茶具中的佼佼者，首推宜兴紫砂茶具。

地处太湖西岸的江苏宜兴市丁蜀镇，特有一种澄泥陶，颜色绛紫，制成的成品称为“紫砂器”，简称“紫砂”。紫砂茶具始于宋，盛于明清，因其造型美观大方，质地淳朴古雅，泡茶时不烫手，且能蓄香，所以极受欢迎。紫砂壶在清代被列为贡品，并远销日本、东南亚乃至欧美各国。尤其是清代，一些文人参与紫砂茶具的设计，介入紫砂茶具的制作，使其文化品位大为提高。一时间，紫砂茶具成为一种雅玩，作为艺术品被收藏，身价百倍。

（二）瓷器茶具

瓷器的发明和使用迟于陶器。瓷器是在陶器的基础上发展起来的。陶器的诞生大大促进了人类的文明进程，而瓷器的发明又有力地提升了人们的生活质量。

如果说陶器茶具是宜兴紫砂一花独放，那么，瓷器茶具则是白瓷、青瓷和黑瓷三足鼎立，后有青花瓷发展壮大了瓷器队伍。

紫砂壶的传说

树瘿壶

紫砂壶

1. 白瓷茶具

白瓷茶具大约始于南北朝晚期，至唐代已发展成熟。白瓷，早在唐代就有“假白玉”之称。“大邑烧瓷轻且坚，扣如哀玉锦城传。君家白碗胜霜雪，急送茅斋也可怜”曾盛赞四川大邑生产的白瓷茶碗。北宋以后，江西景德镇因生产的瓷器质地光润、雅致悦目而异军突起，技压群雄，逐步发展成为中国瓷都。景德镇的白瓷茶具，胎色洁白、细密坚致、光莹如玉，以“白如玉，薄如纸，明如镜，声如磬”而著称于世，被称为“假白玉”。自明代中期开始，人们不再注重茶具与茶汤颜色的对比，转而追求茶具的造型、图案、纹饰等所体现的雅趣，因而白瓷茶具的造型千姿百态，纹饰图案美不胜收。

白瓷茶具

2. 青瓷茶具

在瓷器茶具中，青瓷茶具出现最早。在东汉时，浙江的上虞已开始生产青瓷茶具。青瓷茶具大量出现，始于晋代，主产地为浙江。浙江龙泉哥窑所产翠玉般的青瓷茶具，胎薄质坚，釉层饱满，色泽静穆，雅丽大方，如清水芙蓉逗人怜爱，被后代茶人誉为“瓷器之花”。弟窑生产的瓷器，造型优美，胎骨厚实，釉色青翠，光润纯洁，其中粉青茶具酷似玉，梅子青茶具宛如翡翠，都是难得的瑰宝。

哥窑青瓷茶具

弟窑青瓷茶具

3. 黑瓷茶具

黑瓷茶具流行于宋代。在宋代，茶色贵白，所以宜用黑瓷茶具陪衬。黑瓷以建安窑所产的最为著名，如宋建窑的兔毫纹盏，釉底色黑亮而纹如兔毫，黑底与白毫相映成趣，加上造型古雅，至今仍为日本茶人所推崇。黑瓷茶具胎质较厚，釉色漆黑，造型古朴，风格独特。

黑瓷茶具

4. 青花瓷茶具

青花瓷是在器物的瓷胎上以氧化钴为呈色剂描绘纹饰图案，再涂上透明釉，经高温烧制而成的。它始于唐代，盛于元、明、清代，曾是那一时期茶具品种的主流。青花瓷茶具蓝白相映，色彩淡雅宜人，显得华而不艳，令人赏心悦目。

青花瓷茶具

小思考

瓷器茶具的演变受什么影响？

（三）漆器茶具

漆器茶具始于清代，主要产于福建省福州市，故称为“双福”茶具，以脱胎漆器茶具最为有名。福建生产的漆器茶具多姿多彩，有“宝砂闪光”“金丝玛瑙”“釉变金丝”“仿古瓷”“赤金砂”等名贵品种。

漆器茶具表面晶莹光洁、嵌金填银、描龙画凤、光彩照人，其质轻且坚、散热缓慢，虽具有实用价值，但人们多将其作为工艺品陈设于客厅、书房，为居室增添一份雅趣。

漆器茶具

（四）金属茶具

金属茶具，主要用于宫廷茶宴，在历史上昙花一现。最为著名的是 1987 年 5 月我国考古学家在陕西扶风县法门寺地宫中发掘出的一套晚唐时期的银质鎏金茶具。这套茶具精美绝伦，堪称国宝，曾轰动一时。但是中国茶道的基本精神是“精行俭德”，故在茶艺中不提倡使用金属茶具。现代金属茶具已不多见，仅烧水壶及贮茶罐有用铁、铝、锡等制成。

金属茶具

（五）竹木茶具

竹木质地朴素无华且不导热，用作茶具有保温、不烫手等优点。另外，竹木纹理天然，做出的茶具别具一格，很耐观赏。目前，主要用竹木制作茶盘、茶道具、茶叶罐等，也有少数地区用竹茶碗饮茶。

竹木茶具

（六）玻璃茶具

玻璃茶具是茶具中的后起之秀。玻璃最大的特点是质地透明、可塑性大，制成的各种茶具晶莹剔透、光彩夺目，时代感强且价廉物美。其缺点是传热快，易烫手，易碎。玻璃茶具最适宜用于冲泡名贵绿茶、白茶、工艺花茶和花草茶等具有观赏性的茶类。

玻璃茶具

（七）其他茶具

除了上述六类常见的茶具之外，还有用玉石、水晶、玛瑙以及用各种珍稀原料制成的茶具，如在我国台湾，木纹石、黑石胆、龟甲石、尼山石、端石的石茶壶很受欢迎，但这些茶具一般用于观赏和收藏，在实际泡茶时很少使用。

其他茶具

此外，还有搪瓷、塑料等质地的茶具，它们具有轻便、耐用等优点，但不宜用于茶艺，且一般茶艺馆中不使用。

课堂讨论：你喜欢哪种材质的茶具，为什么？

慕课：茶具展示手法

技能训练三：认识茶具

一、实训目的

了解茶具的分类，掌握各基本茶类适宜选配的茶具，能够介绍茶具的名称及功用。

二、实训内容

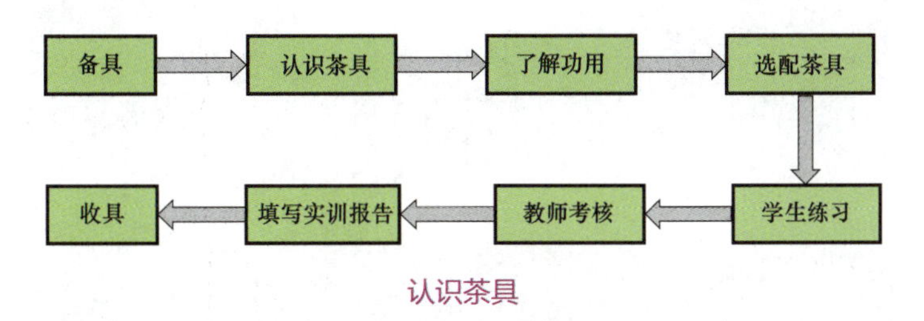

认识茶具

三、实训器具

茶盘、茶荷、茶艺五用、随手泡、茶巾、紫砂壶、闻品杯组、茶海、过滤网、杯托、玻璃杯、瓷壶、盖碗。

四、实训步骤

1. 备具：准备好器皿，清洗干净，摆放于合适位置，符合茶道要求。

备具

2. 用孔雀开屏的手势展具。

展具

3. 认识各种茶具，了解功用。

（1）茶荷：荷是荷花的荷，用来鉴赏干茶。

茶荷

（2）闻品杯组：高的为闻香杯，用来闻取香气；低的为品茗杯，用来品尝茶汤。

闻品杯组

（3）茶艺五用。

茶艺五用

茶漏——用来扩大壶口面积，以防止干茶外溅。

茶漏

茶针——用来疏通壶嘴。

茶针

茶匙——用来拨干茶入壶。

茶匙

茶夹——用来夹洗闻品杯组，或鉴赏叶底。

茶夹

茶则——用来量取干茶的准则。

茶则

（4）随手泡：用来加热泡茶用水。

随手泡

（5）过滤网：用来过滤茶渣，使茶汤清澈透明。

过滤网

（6）茶海：又称公道杯，用来盛放茶汤。

茶海

（7）茶巾：用来保持整个茶式过程中干净无水痕。

茶巾

（8）杯托：用来托取闻品杯组。杯托虽小，却有一段佳话。相传蜀相崔宁之女，十指纤细，因怕茶杯烫手，命丫鬟找小碟托放，崔宁听后大喜，遂命工匠用漆器做成杯托，流传至今。

杯托

（9）茶盘：又称茶船，上为盘、下为舱，盘用来呈放闻品杯组、紫砂壶等必备用品，舱是用来盛积废水的。

茶盘

（10）紫砂壶：用来冲泡乌龙茶的最佳器皿。

紫砂壶

（11）盖碗：又名三才杯，冲泡花茶的最佳器皿，也是其他茶类都可使用的冲泡用具。

盖碗

（12）玻璃杯：冲泡绿茶的最佳器皿。

玻璃杯

（13）瓷壶：冲泡红茶的最佳器皿。

瓷壶

4. 学习茶具介绍的规范动作。

（1）手持茶荷。

① 女子手持茶荷：左手从茶盘左上角拿起茶荷，用中指、拇指捏住茶荷前后两端，尽可能露出图案部分，无名指托底，食指、小指翘起，右手虚托，逆时针在身前旋转一周，茶荷略向前倾。

女子手持茶荷

② 男子手持茶荷：左手从茶盘左上角拿起茶荷，用食指、拇指捏住茶荷前后两端，尽可能露出图案部分，中指托底，无名指、小指收拢，右手虚托，举向前方，茶荷略向前倾。

男子手持茶荷

（2）手持闻香杯。

① 女子手持闻香杯：右手食指、拇指捏住闻香杯身，其余三指自然伸展，反转杯口，从右到左，向前方展示。

女子手持闻香杯

② 男子手持闻香杯：右手五指捏住闻香杯身，反转杯口，向前方展示。

男子手持闻香杯

（3）手持品茗杯。

① 女子手持品茗杯：右手食指、拇指捏住品茗杯身，其余三指自然伸展，反转杯口，从右到左，向前方展示。

女子手持品茗杯

② 男子手持品茗杯：右手五指捏住品茗杯身，反转杯口，向前方展示。

男子手持品茗杯

（4）手持茶漏。

① 女子手持茶漏：右手食指、拇指捏住茶漏，大口朝外，其余三指自然伸展，从右到左，向前方展示，后放置在茶巾上。

女子手持茶漏

② 男子手持茶漏：右手五指捏住茶漏，大口朝外，向前方展示，后放在左手掌心处托举。

男子手持茶漏

（5）手持茶针。

① 女子手持茶针：右手食指、拇指捏住茶针后三分之一处平举，其余三指自然伸展，从右到左，向前方展示，后放回茶器筒。

女子手持茶针

② 男子手持茶针：右手五指捏住茶针后三分之一处平举，向前方展示，后放在左手掌心处托举。

男子手持茶针

（6）手持茶匙。

① 女子手持茶匙：右手食指、拇指捏住茶匙后三分之一处平举，将平时使用的弯曲面朝外，其余三指自然伸展，从右到左，向前方展示，后放回茶器筒。

女子手持茶匙

② 男子手持茶匙：右手五指捏住茶匙后三分之一处平举，将平时使用的弯曲面朝外，向前方展示，后放在左手掌心处托举。

男子手持茶匙

(7)手持茶夹。

① 女子手持茶夹：右手食指、拇指捏住茶夹着力点处，将平时使用的弯曲面朝外，其余三指自然伸展，从右到左，向前方展示，后放回茶器筒。

女子手持茶夹

② 男子手持茶夹：右手五指捏住茶夹着力点处，将平时使用的弯曲面朝外，向前方展示，后放在左手掌心处托举。

男子手持茶夹

（8）手持茶则。

① 女子手持茶则：右手食指、拇指捏住茶则中间连接处，将平时使用的凹面朝外，其余三指自然伸展，从右到左，向前方展示，后放回茶器筒，再将放在茶巾上的茶漏置茶针或茶匙上。

女子手持茶则

② 男子手持茶则：右手五指捏住茶则中间连接处，将平时使用的凹面朝外，向前方展示，后放在左手掌心处托举，再将托举的茶针、茶匙、茶夹、茶则用右手一起放回茶器筒，最后放回茶漏。

男子手持茶则

注意：为了保证后续使用的便捷性，茶漏一般只允许放在茶针或茶匙上。

（9）手持杯托。

① 女子手持杯托：双手食指、拇指捏住杯托四角，向前方平举展示。

女子手持杯托

② 男子手持杯托：双手捏住杯托四角，向前方平举展示。

男子手持杯托

（10）手持过滤网。

① 女子手持过滤网：将过滤网网芯处朝外展示，保证美观性。

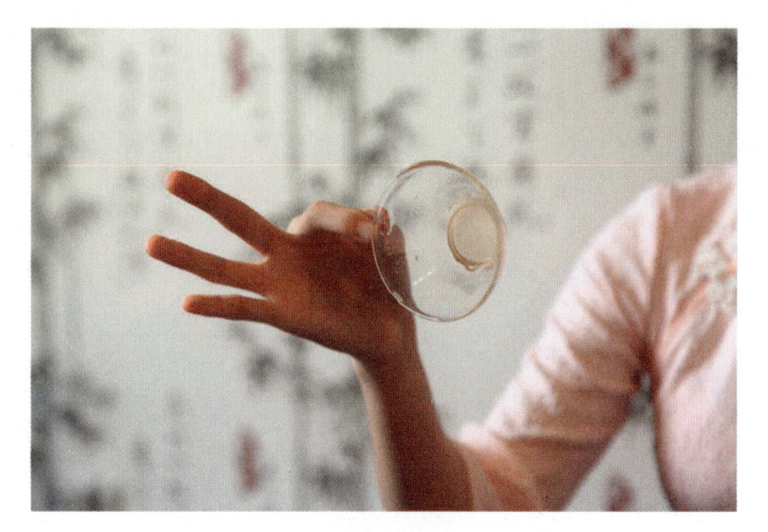

女子手持过滤网

② 男子手持过滤网：将过滤网网芯处朝外展示，保证美观性。

男子手持过滤网

（11）手持公道杯。

① 女子手持公道杯：右手拿起公道杯，左手虚托，保证美观性。

女子手持公道杯

② 男子手持公道杯：右手拿起公道杯，左手虚托，保证美观性。

男子手持公道杯

（12）手持紫砂壶。

① 女子手持紫砂壶：右手拇指和中指捏住壶把上端最靠近壶身处，无名指抵住壶把中端，食指向前，以能控制到壶盖上方透气孔为佳，小指自然翘起。

女子手持紫砂壶

② 男子手持紫砂壶：右手拇指和中指捏住壶把上端最靠近壶身处，无名指与小指抵住壶把中端，食指向前，以能控制到壶盖上方透气孔为佳。

男子手持紫砂壶

（13）手持茶巾。

① 女子手持茶巾：双手食指、拇指捏住三层式长方形茶巾开口处两角，其余三指自然伸展，向前方平举展示。

女子手持茶巾

② 男子手持茶巾：双手五指捏住三层式长方形茶巾开口处两角，向前方平举展示。

男子手持茶巾

（14）展示茶盘。

① 女子展示茶盘：双臂打开，轻指茶盘两端，以示所展示茶具完备。

女子展示茶盘

② 男子展示茶盘：左手紧闭放在茶巾上，右手指向茶盘方向，以示所展示茶具完备。

男子展示茶盘

5. 学生分组练习，每组抽取两名同学考核，以平均分记录所在小组此次实训课成绩。

6. 教师点评，分析各基本茶类适应选配的茶具。

7. 清洗器皿，收拾茶具。

五、测试

根据各组考核成绩，给出本次实训课分数。

评分表

二、紫砂壶

慕课：十大经典紫砂壶

“茗注莫妙于砂，壶之精者又莫过于阳羡”，这是明代文学家李渔对紫砂壶的总评价。宜兴紫砂由于其特殊的材质，具备了以下几个特点。

1. 泡茶不走味（宜茶性）

紫砂是一种双重气孔结构的多孔性材质，气孔微细，密度高。用紫砂壶沏

茶，不失原味，且香不涣散，得茶之真香真味。明人文震亨说：“茶壶以砂者为上，盖既不夺香，又无熟汤气。”

2. 抗馊防腐

紫砂壶透气性能好，使用其泡茶不易变味，暑天越宿不馊。

3. 发味留香

紫砂壶能吸收茶汁，壶内壁不刷，沏茶而无异味。紫砂壶经久使用，壶壁积聚“茶锈”，以致空壶注入沸水，也会茶香氤氲。这与紫砂壶胎质具有一定的气孔率有关，是紫砂壶独具的品质。

4. 火的艺术

紫砂陶土经过焙烧成陶，称为“火的艺术”。根据分析鉴定，烧结后的紫砂壶，既有一定的透气性，又有低微的吸水性，还有良好的机械强度，适应冷热急变的性能极佳。即使在百度的高温烹煮之后，迅速投放到零度以下冰雪中或冰箱内，也不会爆裂。

5. 变色韬光

紫砂使用越久，壶身色泽越发光亮照人，气韵温雅。《茶笺》中说：“摩挲宝爱，不啻掌珠。用之既久，外类紫玉，内如碧云。”《阳羡茗壶系》说“壶经久用，涤拭日加，自发黯然之光，入手可鉴。”

6. 可赏可用

在艺术层面上，紫砂泥色多彩，且多不上釉，通过历代艺人的巧手妙思，便能变幻出种种缤纷斑斓的色泽、纹饰来，加深了其艺术性。成型技法变化万千，造型上的品种繁多，堪称举世第一。

7. 艺术传媒

紫砂茶具通过茶与文人雅士结缘，并进而吸引到许多画家、诗人在壶身题诗、作画，寓情写意，此举使得紫砂器的艺术性与人文性得到进一步提升。

明清时期为紫砂茶具制作的兴旺期。明永乐帝曾下旨造大批僧帽壶，推动了紫砂茶具的发展。明代周高起《阳羡茗壶系》：“僧闲静有致，习与陶缸瓮者处，抟其细土，加以澄练，捏筑为胎，规而圆之，刳使中空，踵傅口柄盖的，附陶穴烧成，人遂传用。”宜兴紫砂壶名家始于明代供春，其后的“四大家”，即董翰、赵梁、元畅、时朋均为制壶高手，但作品罕见。时大彬作品，突破大壶格局，多作小壶，点缀在精舍几案之上，更加符合饮茶品位。同代李茂林用“匣钵”法，即将壶坯放入匣钵再行烧制，不染灰泪，烧出的壶表面洁净，无油泪釉斑，色泽均匀一致，至今沿用。清代名匠辈出，陈鸣远、杨彭年等形成不同的流派和风格，工艺渐趋精细。近代、现代有顾景舟、蒋蓉等承前启后，使紫砂壶的制作又有新发展。紫砂茶具成为人们的日常用品和珍贵的收藏品。

因为实用价值与艺术价值的兼备，自然也提高了紫砂壶的经济价值，紫砂壶的身价“贵重如珩璜”，甚至超过珠宝。由于上述的心理、物理、艺术、文化、经济等因素作为基础，宜兴紫砂茶具数百年来能受到人们的喜爱与重视，可谓是独领风骚，其来有自。

僧帽壶

顾景舟柱础壶

紫砂鼻祖供春的传说

紫砂壶开壶方法

知识拓展：茶与健康

课后习题

一、判断题

1. 瓷器茶具按色泽不同可分为白瓷、青瓷和黑瓷茶具等。（　　）

2. 明代制壶四大家是董翰、赵梁、元畅、时朋。（　　）

3. 雨水和雪是比较纯净的，历来被用来煮茶，特别是雪水。（　　）

4. 每升水中钙、镁离子的含量大于 8 mg 时称为硬水。（　　）

5. 科学饮茶的三个基本要求是正确选择茶叶、正确冲泡方法和正确的价格。（　　）

二、选择题

1. 烹茗井在灵隐山，（　　）曾经用它煮饮茶汤，因此而得名。

A. 白居易　　B. 许次纾

C. 徐霞客　　D. 顾元庆

2. 品饮铁观音乌龙茶时，茶水的比例以（　　）为宜。

A. 1:10　　B. 1:20　　C. 1:50　　D. 1:80

3. 根据茶具的质地和性能，冲泡名优绿茶宜选配下列（　　）茶具。

A. 紫砂茶具泡茶无熟汤味，又可保香也不易变质发馊

B. 玻璃茶具透明度高，泡茶茶姿汤色历历在目，增加情趣

C. 搪瓷茶具，具有坚固耐用、携带方便等优点

D. 保暖茶具会因泡熟而使茶汤泛红，香气低沉，失去鲜爽味

4. 炉、壶、瓯杯、托盘被称为（　　）。

A. 文房四宝　　B. 画室四宝

C. 茶室四宝　　D. 禅房四宝

5. 在各种茶叶的冲泡程序中，茶叶的用量、（　　）、茶叶的浸泡时间、冲泡次数是冲泡技巧中的三个基本要素。

A. 壶温　　B. 水温　　C. 水质　　D. 水量

6. 泥色多变，耐人寻味，壶经久用，反而光泽美观是（　　）优点之一。

A. 金属茶具　　B. 紫砂茶具

C. 青瓷茶具　　D. 漆器茶具

三、问答题

1. 如何泡好一杯茶？

2. 如果茶品不佳，应如何调整泡茶四要素？

3. 针对不同人群，应给出怎样的饮茶建议？

四、实践题

考虑用 2 000 元钱为家庭购买一套茶具，写出理由。

项目四

茶艺美学

茶道是一种饮茶的礼仪规范。它不仅要求有幽雅自然的环境，规定一整套点茶、泡茶、敬茶的程序，而且还包括茶具的选择与欣赏，茶室书画的布置、装饰和茶室茶庭的建筑等在内。也就是说，在讲求吃茶应酬之仪的同时，也要讲求环境装饰之美，使物质与精神享受合二为一。

关键词：气质　创新

学习目标：掌握茶艺中站、坐、走、鞠躬的基本要领，了解行茶中的礼仪；理解茶席设计的概念，可以自行设计简单茶席。

任务导入

因时下流行红唇，茶艺师小王某天上班时使用了新买的大红唇膏，但受到了领班的批评，小王觉得得体的妆容也是为了更好地服务客人，请问她错在哪里？

任务解析

茶艺师需要陪同客人品饮茶汤，唇膏会污染茶杯，造成不良影响。一名优秀的茶艺师，应该具备较高的文化修养，熟悉和掌握茶文化知识以及泡茶技能，做到以神、情、技动人，也就是说，在外形、举止乃至气质上，都要有高要求。

任务一　行茶礼仪

翻转课堂

问题一：你了解的茶仪有哪些？

问题二：茶艺中有哪些不用语言即可传情达意的动作？

问题三：如何夸赞客人？

礼仪是一个宽泛的概念，是人们在共同生活和长期交往中约定俗成的社会规范，它指导和协调个人或团体在社会交往过程中采取有利于处理相互关系的言行举止。而行茶中的礼仪，对行茶者的仪表仪态、礼节礼貌都有特殊的规定。

一、仪表仪态

（一）仪表

1. 得体的着装

着装是仪表、仪容美的一个重要体现。在泡茶过程中，如果服装颜色、式样与茶具、环境不协调，品茶环境就不会是优雅的。品茶需要一个安静的环境、平和的心态，如果泡茶者服装颜色太鲜艳，就会破坏和谐、优雅的气氛，使人有躁动不安的感觉。因此，茶艺师在泡茶时服装不宜太鲜艳，要与环境、茶具相匹配。另外，服装式样以中式为宜，袖口不宜过宽，否则会沾到茶具或茶水，给人一种不卫生的感觉。

服装一定要注意整洁，挺括无皱折，无污渍、油迹，无破损。皮鞋要明亮，布鞋要保持鞋面洁净。男士袜子的颜色应与鞋面的颜色和谐，女士应穿与肤色相近的丝袜，穿裙子时应穿连裤袜。

2. 整齐的发型

作为茶艺师，发型的要求与其他岗位有一些区别。发型原则上要适合自己的脸型和气质，要按泡茶时的要求进行梳理。首先，头发应梳洗干净整齐，发色以自然色为好，发型要美观、大方。其次，应避免头部向前倾时头发散落到前面，挡住视线影响操作；同时，还要避免头发掉落到茶具或操作台上，让客人感觉不卫生。

3. 优美的手型

在泡茶的过程中，客人的目光始终停留在茶艺师的手上，观看泡茶的全过

程，因此茶艺师的手极为重要。作为茶艺师，如果是女士，首先要有一双纤细、柔嫩的手，平时注意保养，随时保持清洁；如果是男士，则要求干净。

手上不要戴饰物，如果佩戴太“出色”的首饰，会有喧宾夺主的感觉，显得不够高雅，而且体积太大的戒指、手链也容易敲击到茶具，发出不协调的声音，甚至会打破茶具。如果有条件，女性表演者戴一个玉手镯能平添不少风韵。

指甲要及时修剪整齐，保持干净，不留长指甲，不可涂有色指甲油。

手上不可用化妆品：一则化妆品有油脂，可能会影响到操作；二则化妆品的香味可能影响对茶的品评。

4. 干净的面部

面部平时要注意保养，保持清新健康的肤色。在为客人泡茶时面部表情要平和放松，面带微笑。茶艺师如果是男士，泡茶前要将面部修饰干净，不留胡须，以整洁的姿态面对客人；如果是女士，为客人泡茶时，可化淡妆，不要浓妆艳抹，也不要喷洒味道浓烈的香水。

5. 优雅的举止

举止是指人的动作和表情，日常生活中人的一举手一投足、一颦一笑都可概括为举止。举止是一种不说话的“语言”，它反映了一个人的素质、受教育的程度及能够被人信任的程度。

对于茶艺师来讲，在为客人泡茶过程中的一举一动尤为重要。茶艺师的举止应庄重得体、落落大方，在茶艺活动中，要走有走相、站有站相、坐有坐相，坐姿端庄、站姿挺拔、走姿潇洒，保持良好的仪表仪容。

（二）仪态

正确的站姿、坐姿、走姿是提供良好服务的重要基础，也是使客人在品茶的同时，得到感官享受的重要方面。

1. 站姿

优美而典雅的站姿，是体现茶艺师自身素养的一个方面，是体现仪表美的起点和基础。

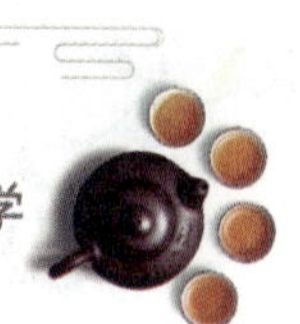

站姿是茶艺师的基本功。站立时，身体要端正，收腹、挺胸、提臀，眼睛平视，下巴微收，嘴巴微闭，面带微笑，平和自然。女茶艺师站立时，双脚呈“Y”字形，两脚尖开度为 50° 左右，膝和脚后跟要靠紧，双手相携放于腹前，注意右手握住左手手指，左手指尖不外露。男茶艺师双脚叉开的宽度窄于双肩，双手可交叉放在腹前或自然下垂。

站姿（女）

站姿（男）

2. 坐姿

由于茶艺师在工作中经常要为客人沏泡各种茶，有时需要坐着进行，因此良好的坐姿也显得尤为重要。

茶艺师入座时，应略轻而缓，但不失朝气，走到座位前面转身，右脚后退半步，左脚跟上，然后轻稳地坐下。最好坐椅子的三分之一或一半处，穿长裙子的要用手把裙子向前拢一下。坐下后上身正直，头正目平，嘴巴微闭，脸带微笑，小腿与地面基本垂直，两脚自然平落地面。两膝间的距离，男茶艺师以松开一拳为宜；女茶艺师双膝并拢，或者左脚在前，右脚在后，成一直线。

3. 走姿

走姿要求上身正直，收腹，挺胸，目光平视，面带微笑，肩部放松，手臂自然前后摆动，手指自然弯曲。行走时身体重心稍向前倾，腹部和臀部要向上提，由大腿带动小腿向前迈进，行走线迹为直线。

步速和步幅也是行走姿态的重要要求。茶艺师在行走时要保持一定的步速，不要过急，否则会给客人不安静、急躁的感觉。步幅是每一步前后脚之间距离，约 30 厘米，一般不要求步幅过大，否则会给客人带来不舒服的感觉。行走时，脚步要轻且稳，切忌摇头晃肩、身体左右摇摆、腰和臀部居后。行走时，还要尽可能保持直线前进。走姿要让客人感到优美高雅、体态轻盈。

在进行茶艺表演时，茶艺师应根据茶艺表演的主题、场地的背景、服饰的造型、情节的配合、音乐的节奏来确定走姿。走姿应随着主题内容而变化，或矫健轻盈，或精神饱满，或端庄典雅，或缓慢从容。要将自己的思想、情感融入行走的不同方式中，使观众感到茶艺师的肢体语言同茶艺表演的主题、情节、音乐、服饰等是吻合的。

二、行茶中的礼仪

（一）鞠躬礼

鞠躬礼分为站立式、坐式和跪式三种。站立式鞠躬与坐式鞠躬比较常用。

站立式鞠躬的动作要领是：两手相握放于腹前，上半身平直弯腰，弯腰时吐气，直身时吸气。弯腰到位后略作停顿，再慢慢直起上身。俯下和起身的速度一致，动作轻松、自然柔软。

坐式鞠躬的动作要领是：在坐姿的基础上，双手相握，自然放于大腿后部，或者双手相握放于茶桌边缘，鞠躬方法与站立式鞠躬相同。

跪式鞠躬的动作要领是：在跪坐姿势的基础上，双手相握，放于大腿上，鞠躬要领与站立式鞠躬相同。

根据行礼对象的不同，鞠躬礼分“真礼”（用于主客之间）、“行礼”（用于客人之间）与“草礼”（用于说话前后）。

在站立式鞠躬中，“真礼”要求行 90° 礼，“行礼”行 45° 礼，“草礼”弯腰程度小于 45°。

在坐式鞠躬中，“真礼”要求头身前倾约 45°，“行礼”头身前倾小于 45°，“草礼”头身略向前倾。

在参加茶会时会用到跪式鞠躬礼。“真礼”以跪坐姿势为预备，双手放于膝上，上半身向前倾，同时双手向前从膝上渐渐滑下，全手掌着地，两手指尖斜对呈“八”字形，身体倾至胸部与膝盖间只留一拳空隙，稍作停顿慢慢直起上身。弯腰时吐气，直身时吸气。“行礼”动作与“真礼”相似，头身前倾角度小于“真礼”，两手仅前半掌着地。行“草礼”时，头身前倾角度更小，仅指尖着地即可。

鞠躬礼（女）

鞠躬礼（男）

（二）伸掌礼

这是茶道表演中用得最多的示意礼。当主泡助泡之间协同配合时，主人向客人敬奉物品时都常用此礼，表示的意思为“请”“谢谢”。当两人相对时，可伸右手掌对答表示；若侧对时，右侧方伸右掌，左侧方伸左掌对答表示。

伸掌礼动作要领为：五指并拢，手心向上，伸手时要求手略斜并向内凹，手心中要有含着一个小气团的感觉，手腕要含蓄有力，同时欠身并点头微笑，动作要一气呵成。

伸掌礼

（三）叩手（指）礼

此礼是从古时中国的叩头礼演化而来的，古时叩头又称叩首，以“手”代“首”，这样，“叩首”为“叩手”所代。早先的叩手礼是比较讲究的，必须屈腕握空拳，叩指关节。随着时间的推移，逐渐演化为将手弯曲，用几个指头轻叩桌面，以示谢忱。

叩手（指）礼动作要领：① 长辈或上级给晚辈或下级斟茶时，下级或晚辈必须用双手指作跪拜状叩击桌面两三下；② 晚辈或下级为长辈或上级斟茶时，长辈或上级只需用单指叩击桌面两三下表示谢谢；③ 同辈之间敬茶或斟茶时，单指叩击表示“我谢谢你”，双指叩击表示“我和我先生（太太）谢谢你”，三指叩击表示“我们全家人都谢谢你”。

叩手礼

（四）寓意礼

在长期的茶事活动中，形成了一些寓意美好祝福的礼节动作，在冲泡时不必使用语言，宾主双方就可进行沟通。

常见的寓意礼的动作要领如下：

（1）“凤凰三点头”：即用右手高提水壶，让水直泻而下，接着利用手腕的力量，上下提拉注水，反复三次，让茶叶在水中翻动。寓意是向客人三鞠躬表示欢迎。

（2）回旋注水：在进行烫壶、温杯、温润泡茶、斟茶等动作时，若用右手必须按逆时针方向，若用左手则必须按顺时针方向回旋注水，类似于招呼手势。寓意“来！来！来！”表示欢迎，反之则变成暗示挥手“去！去！去！”的意思。

（五）握手礼

握手强调“五到”，即身到、笑到、手到、眼到、问候到。握手时，伸手的先后顺序为：贵宾先、长者先、主人先、女士先。

握手礼的动作要领：握手时，距握手对象约 1 米处，上身微向前倾斜，面带微笑，伸出右手，四指并拢，拇指张开与对象相握；眼睛要平视对方的眼睛，同时寒暄问候；握手时间一般以 3～5 秒为宜；握手力度适中，上下稍许晃动三四次，随后松开手来，恢复原状。

握手的禁忌为：① 拒绝他人的握手；② 用力过猛；③ 交叉握手；④ 戴手套握手；⑤ 握手时东张西望。

（六）礼貌用语

1. 问候语

标准式问候答用语：“你好”“您好”“各位好”“大家好”等。

实效式问候语有：“早上好”“早安”“中午好”“下午好”“午安”“晚上好”“晚安”等。

2. 应答语

肯定式应答用语：“是的”“好”“很高兴为您服务”“随时为您效劳”“我会尽力按照您的要求去做”“一定照办”等。

3. 赞赏语

评价式赞赏用语：“太好了”“对极了”“真不错”“相当棒”等。

认可式赞赏用语：“还是您懂行”“您的观点非常正确”等。

回应式赞赏用语：“哪里”“我做的不像您说的那么好”等。

4. 迎送语

欢迎用语：“欢迎光临”“欢迎您的到来”“见到您很高兴”等。

送别用语：“再见”“慢走”“欢迎再来”“一路平安”等。

与客人谈话时，拒绝使用“四语”，即蔑视语、烦躁语、否定语和顶撞语，如“哎……”“喂……”“不行”“没有了”，也不能漫不经心、粗音恶语或高声叫喊等；服务有不足之处或客人有意见时，使用道歉语，如“对不起”“打扰了……”“让您久等了”“请原谅”“给您添麻烦了”等。

技能训练四：行茶礼仪

一、实训目的

练习行茶仪态和礼仪，提升形象和气质。

二、实训内容

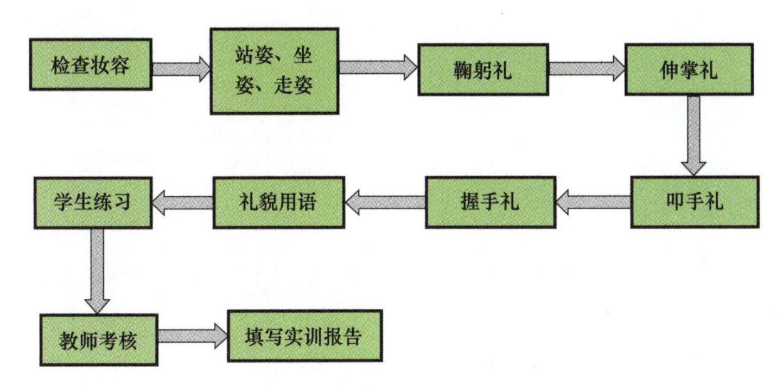

行茶礼仪

三、实训器具

化妆品，全身镜，茶台。

四、实训步骤

1. 整理妆容，面对全身镜，面带微笑。
2. 学习站姿、坐姿、走姿。
3. 练习鞠躬礼。
4. 练习伸掌礼，注意手掌心内凹。
5. 练习叩手礼。
6. 两人一组，练习握手礼。
7. 用手机录音功能，练习礼貌用语，回放自查。
8. 每组抽取两名同学考核，以平均分记录所在小组此次实训课成绩。
9. 教师点评，分析每种礼节适用场合。

10. 整理实训场所。

五、测试

根据各组记录细节，给出实训分数。

评分表

任务二　茶席设计

翻转课堂

问题一：如何提升品茗体验感？

问题二：茶席中的插花与生活插花有哪些不同？

问题三：什么样的茶席设计题材符合时下风尚？

自陆羽《茶经》系统地规范了采茶、制茶、点茶和饮茶的程序与必要条件以来，饮茶已形成一套系统。因此品茗是有规范的，仅仅是为解渴而饮茶，那只是茶的最基本的功用。为品茗而行茶会，不论是表演茶艺或生活茶艺都有系统。“茶通六艺”，在品茶时讲究“六艺助茶”，六艺是指“琴、棋、书、画、诗”和“古玩的收藏与鉴赏”，其中又特别注重音乐和字画。从秦汉到唐宋，茶会的系统渐趋完善，现代人们对于茶会的要求也越来越多元化，因此茶席设计也成为越来越流行的茶文化活动。

一、茶艺表演台的布置

（一）茶桌的要求

立礼式和坐礼式茶艺的茶桌高度是68～70厘米，长度是88厘米，宽度是60厘米。席地式茶艺的茶桌高度是48厘米，长度是88厘米，宽度是60厘米。

（二）茶椅的要求

茶椅的高度是40～42厘米。有靠背与无靠背可视情况而定，但不需要有扶手。茶艺师坐的椅子一般是无靠背的。

（三）茶垫巾的大小

茶垫巾长度是60厘米，宽度是48厘米，铺放在茶桌中间，不将茶桌全部铺满，起装饰的作用。

（四）合乎科学要求

茶桌、茶椅的高低、大小，茶具的摆放定位，都需要合乎人体工程学、美学及传统鲁班尺的要求，符合科学。

（五）非促膝而饮的分坐式茶会

一般品茗以5人以内为佳。如果是人数较多则采用分坐式。此时，要准备茶几置放茶杯，茶几分置在茶侣左边或右边。

（六）器具的色彩、样式

自古以来，讲究品茶艺术的茶人都注重品茶的韵味，崇尚意境高雅。强调：壶添品茗情趣，茶增壶艺价值。

整体的品茗环境，应随着季节、时序、场所、茶叶的不同，以及品茶人的区别，进行不同的设计和营造。选择色彩、样式与品茗环境相搭配的器具，包括插

花、香炉、挂画、音乐等，而且互相之间要协调，搭配要合理。

二、茶席设计

茶席设计是茶学界正在研究的当代茶文化的新兴学科。所谓茶席设计，就是指以茶为灵魂，以茶具为主体，在特定的空间形态中，与其他艺术形式相结合所共同完成的一个有独立主题的茶道艺术组合整体。

（一）茶席设计的基本构成因素

1. 茶品

茶，是茶席设计的灵魂，也是茶席设计的思想基础。因茶，而有茶席；因茶，而有茶席设计。茶，在一切茶文化以及相关的艺术表现形式中，既是源头，又是目标。

2. 茶具组合

茶具组合是茶席设计的基础，也是茶席构成因素的主体。茶具组合的基本特征是实用性和艺术性相融合。实用性决定艺术性，艺术性又服务于实用性。因此，在它的质地、造型、体积、色彩、内涵等方面，应作为茶席设计的重要部分加以考虑，并使其在整个茶席布局中处于最显著的位置，以便于对茶席进行动态的演示。

3. 铺垫

铺垫，指的是茶席整体或局部物件摆放下的铺垫物，也是铺垫于茶席之下的布艺类和其他质地物的统称。铺垫虽是器外物，却对茶席器物的烘托和主题的体现起着不可低估的作用。

铺垫的质地、款式、大小、色彩、花纹，应根据茶席设计的主题与立意，选择运用对称、不对称、烘托、反差、渲染等方法，或铺桌上，或摊地下，或搭一角，或垂一隅。既可作流水蜿蜒之意象，又可作绿草茵茵之联想。

4. 插花

插花，是指人们以自然界的鲜花、叶草为材料，通过艺术加工，在不同的线条和造型变化中，融入一定的思想和情感而完成的花卉的再造形象。其基本特征是简洁、淡雅、小巧、精致。鲜花不求繁多，只求注重构图的美和变化，以起到画龙点睛的效果。茶席中的插花，不同于一般的宫廷插花、宗教插花、文人插花和民间插花，而是为体现茶的精神，追求崇尚自然、朴实秀雅的风格。茶席中的插花所用花材通常为鲜花，有时因某些特别需要也可用干花，但一般不用人造花。

（1）茶席插花的类型通常采用瓶式插花，其次是盆式插花，而盆景式插花等用得很少。

（2）茶席插花所用鲜花不求繁多，只插一两枝能起到画龙点睛的效果即可；注重线条、构图的美和变化，以达到朴素大方、清雅绝俗的艺术效果。

（3）茶席插花的原则：虚实相宜——花为实，叶为虚，做到实中有虚，虚中有实；高低错落——花朵的位置切忌在同一横线或直线上；疏密有致——每朵花、每片叶都具有观赏效果和构图效果，过密则复杂，过疏则空荡；上轻下重——花苞在上，盛花在下，浅色在上，深色在下，显得均衡自然；上散下聚——花朵枝叶基部聚拢似同生一根，上部疏散多姿色彩。

茶席插花

5. 焚香

焚香，是指人们将从动物和植物中获取的天然香料进行加工，使其成为各种不同的香型，并在不同的场合焚熏，以获得嗅觉上的美好享受。在茶席中，加入

焚香环节，意在营造肃穆、祥和的氛围。香料的选取需与茶品相对应，不能喧宾夺主。

茶席焚香

6. 挂画

挂画，又称挂轴。茶席中的挂画，是悬挂在茶席背景环境中的书与画的统称，书以汉字书法为主，画以中国画为主。茶席挂画除了书写名人诗词外，也可直接写明茶席设计的命题或茶道流派的名称。

茶席挂画

7. 相关工艺品

在茶席中，相关工艺品与主器具巧妙配合，往往会使品茶人产生共鸣，其摆放得当，常常会获得意想不到的效果。经常使用到的茶席相关工艺品有自然物类（如各种天然石、盆景）、生活用品类（如首饰、文具等）、艺术品类（如乐器、民间艺术等）、宗教用品类（如佛教法器、道教法器等）、传统劳动用具类（如农业用具、纺织用具等）、历史文物类（如古代兵器、文物古董等）。这些工艺品在整体茶席的布局中，数量不多，总是处于茶席的旁、侧、下及背景的位置，服务于主器物，但它们能有效陪衬、烘托茶席的主题，还能在一定的条件下，对茶席的主题起到深化的作用。

相关工艺品

8. 茶点茶果

茶席中的茶点茶果，分量较少，体积较小，制作精细，样式清雅，且色、香、味、形俱佳，已成为中华茶文化的又一大景观。

茶点

9. 背景

茶席的背景，是指为获得某种视觉效果，设定在茶席之后的艺术物态方式。背景的设立，能够使人们的视觉空间相对集中和相对稳定，还能起到视觉上的阻隔作用，使人在心理上获得某种程度的安全感。茶席活动中，最常见的背景表现形式就是屏风。

10. 音乐

在茶艺表演过程中重视用音乐来营造艺境，这是因为音乐，特别是我国古典名曲重情味、重自娱、重生命的享受。目前，背景音乐在宾馆、餐厅、茶室里普遍应用，但多是兴之所至，随意播放。而在茶席上播放的音乐是为了促进人的自然精神的再发现、人文精神的再创造而精心挑选的。

小知识

我国古典名曲中，反映月下美景的有《春江花月夜》《月儿高》《霓裳曲》《彩云追月》《平湖秋月》等；反映山水之音的有《流水》《潇湘水云》《幽谷清风》等；反映思念之情的有《塞上曲》《阳关三叠》《情乡行》《远方的思念》等；拟禽鸟之声态的有《海青拿天鹅》《平沙落雁》《空山鸟语》等。

（二）茶席设计的题材

1. 以茶品为题材

茶，有不同的产地、形状、特性、品类和名称，通过泡、饮而最终实现其价值。因此，可从以下三个方面表现茶品。

（1）特征。

茶，就其名称而言，已经包含了许多题材的内容。如“庐山云雾”，给人以云山雾罩的质感；“洞庭碧螺春”，展现一幅碧波荡漾的画面；“顾渚紫笋”，不煮金沙泉，何以品得紫笋真味……凡茶产地的自然景观、人文风情、制茶工艺、饮茶方式、品茗意趣等，都是茶席设计不尽的题材。从茶的形状特征来看，更是多姿多彩，如“龙井新芽”“一旗一枪”“金坛雀舌”“小鸟唱鸣”“汉水银梭”“如鱼拨浪”……大凡各地的名茶，都有其形状的特征，足以使人眼花缭乱。

（2）特性。

茶，具有多种美味及人体所需的营养成分。茶的不同冲泡方式，也给人以不同的艺术感受。于是，借茶表现不同的自然景观，以获得回归自然的感受；表现不同的时令季节，以获得某种生活的乐趣；表现不同的心境，以获得心灵的某种慰藉。这些，无不都是借助茶来满足人的某种精神需求。

（3）特色。

茶，有绿、红、青、黄、白、黑，这正是色彩的构成基色。若以茶色衬器色，或以器色衬茶色，再配以茶之香、茶之味、茶之性、茶之情、茶之意、茶之

境，无不给人以美的享受。

2. 以茶事为题材

生活与历史事件，历来是各类艺术形式主要表现的对象。茶席中表现的事件，应与茶有关，即茶事。茶席表现事件，不可能像影视戏剧、连环画那样，由人、物、景、声作动态和全景再现，也不可能像摄影那样将事物真实反映在静态图片中。茶席表现事件，主要是通过物象和物象所赋予的精神内容来体现。我们可以从重大的茶文化历史事件、特别有影响的茶文化事件、自己喜欢的事件中选择题材，在茶席中进行艺术的表现。

3. 以茶人为题材

凡爱茶之人，事茶之人，对茶有所贡献的人，以茶的品德作己品德之人，均可称为茶人。我们可以古代茶人、现代茶人、身边的茶人为题材，在茶席中进行艺术表现。

茶席设计必须有一明确的主题，主题是茶席设计的灵魂。有了明确的主题，我们在设计茶席时才能有的放矢。

茶席的主题，可以是一切社会现象、文化现象，如历史典故、宗教活动等（如以“禅”为主题、以爱情为主题等），还可以时间为主题，如以春、夏、秋、冬为主题的茶席，还可以自然景观为主题，如以“晚霞”为主题，等等。自然界及人类社会的万事万物均可成为茶席的主题。

茶席设计

课堂讨论：如何选取合适的茶席主题？

茶席概念

三、茶席设计文案的撰写

茶席设计的文案，是以图、文结合的手段，对茶席设计作品进行主观反映的一种表达方式。茶席设计的文案，作为一种记录形式，有一定资料价值，可留档保存，以备后用。同时，作为一种设计理念、设计方法的说明、传递形式，又可在艺术创作展览、比赛、专业学校设计考核等活动中发挥参考、借鉴的作用。

（一）茶席设计文案的格式要求

1. 标题

在书写用纸的头条中间位置书写标题，字号可稍大，或用区别于正文的字体书写，以便醒目。

2. 主题阐述

正文开始时，可以用简短文字将茶席设计的主题思想表达清楚。主题阐述务必鲜明，具有概括性和准确性。

3. 结构说明

所设计的茶席由哪些器物组成，作怎样摆置，欲达到怎样的效果等说明清楚。

4. 结构中各因素的用意

对结构中各器物选择、制作的用意表达清楚。不要求面面俱到，对具有特别用意之物可作突出说明。

5. 结构图示

以线条勾勒出铺垫上各器物的摆放位置。如条件允许，可画透视图，也可使用实景照片。

6. 动态演示程序介绍

就是将用什么茶、为什么用这种茶及冲泡过程各阶段（部分）的称谓、内容、用意说明清楚。

7. 奉茶礼仪语

奉茶给客人时所使用的礼仪语言。

8. 结束语

全文总结性的文字，内容可包含个人的愿望。

9. 作者署名

在正文结束后的尾行右部署上设计者的姓名及文案表述的日期。

（二）范例

“梅花三弄”沁乌龙

“梅花三弄”的典故来源于《晋书》。书中记载：一日，王羲之之子王徽之在青溪岸边偶遇大将桓伊，请其吹笛一曲，桓伊在胡床上出笛吹“三弄梅花”之调，高妙绝伦，后相别。整个过程中，宾主双方没有交谈一句话，由此事可见晋人之旷达不拘礼节、磊落不着形迹的高尚情操。所以我的茶席设计主旨为“君子之交”：平淡如水，不尚虚华。梅花志高洁，冰肌玉骨，凌寒留香，自古便是文

人墨客咏叹的对象。

茶品：冻顶乌龙

茶具组合：青瓷一套

铺垫：素白梅花暗纹桌旗

背景：王徽之狂草一幅

其他摆件：绘有梅花图案工艺扇一把

插花：傲立一枝红梅

熏香：石蜜

音乐：《梅花三弄》

服装：真丝旗袍（绘有梅花图案）

清泉已初沸，请大家跟我一起回到千年前那段铁骨冰心的故事。

听笛青溪遂相惜：桓伊虽是武将，为人却谦虚朴素，个性不张扬，曾立大功而从未招忌，是音乐陶冶了他的性情，宛如这套台湾青瓷，细腻、通透，经由热水温润后，必定能更好地激发乌龙茶的香气。这清脆的绝唱，好似青溪岸边，不时响起的“三弄”绕梁之声。

一弄瑞雪月黄昏：我今天选用的是台湾冻顶乌龙，此茶色泽墨绿油润，茶汤清爽怡人，茶香清新典雅。我亦用此茶，比作狂士王徽之。

薄袂轻罗自在飘：苏轼有诗曰：“戏作小诗君勿笑，从来佳茗似佳人。”茶匙轻轻拨动，佳茗已在升腾的白雾间飘然落下，好似佳人舞动轻罗于月下黄昏梅花间翩翩起舞。

衡湘云霓落九天：元气之融结为山川，山川之秀丽称衡湘，其蒸为云霓，其生为杞梓。此泡为温润泡，茶叶得水而净，得水舒展，得水焕发生气，此泡茶未经雕琢，天地浑然之气未退，所以此一泡茶我们不喝，用来再次温杯。

凌霜共饮一江水：向壶内高冲水，使茶叶随水浪上下翻滚，好茶需水打磨方可彰显茶性，梅花凌霜傲寒才让人为之动容。

柯亭自成万点香：用开水封壶，使壶内外温度一致，尽可能抒发茶性，散发茶香。柯亭内，梅花间，桓伊曾在无数个夜晚，吹起《梅花三弄》，留下千古美名。

流水空山有落霞：分茶如待人交友之道，贵在平和，将茶汤注入茶海，欲动先静，令茶汤浑然一致，无分厚薄，方显茶人博大无私之襟怀。中国茶道讲究七

分满，故我行茶七分，以表对各位的敬意。

二弄九曲占群芳：翻转品茗杯，使其倒扣在闻香杯上，在空中翻转一周，好茶需配合好的手法冲泡方能沁出其独特的风味，犹如梅花一般，若非一番寒彻骨，那得梅花扑鼻香。

借送嫦娥槛外梅：爱茶之人，人人平等，请各位嘉宾品评。

三弄暗香满乾坤：请将闻香杯一端轻轻翘起，在杯口环绕一周，以收拢香气，再将杯口向上，双手轻搓杯身，置于鼻处，体会一下这沁人心脾的茶香。

含英咀华赏云腴：请将此茶汤分三口饮下，如同欣赏这动听的《梅花三弄》，细细咀嚼，慢慢回味，方能领会其中的美妙韵味。

高标逸韵君知否：回味间，我们品悟冻顶乌龙带给我们的独特品质，为那千年前的不期而遇而感慨，共叹千古绝唱的诞生。

红尘一梦笑谁痴：桓伊既敦和又风雅，而王徽之狂狷且博闻，二人相会虽不交一语，却是难得的机缘。真正的友情如同清茶一杯，虽不浓郁却芬芳怡人，借今日一段“梅花三弄沁乌龙”，祝福在座各位能收获属于自己的君子之交。请大家浅斟慢饮，细品茶味，感悟茶趣，祝各位品茗愉快！

技能训练五：茶席设计

一、实训目的

通过对茶席设计的学习，了解茶席设计的基本方法和技巧，能进行茶艺表演台的布置，初步学会根据茶艺表演的主题设计茶席。

二、实训内容

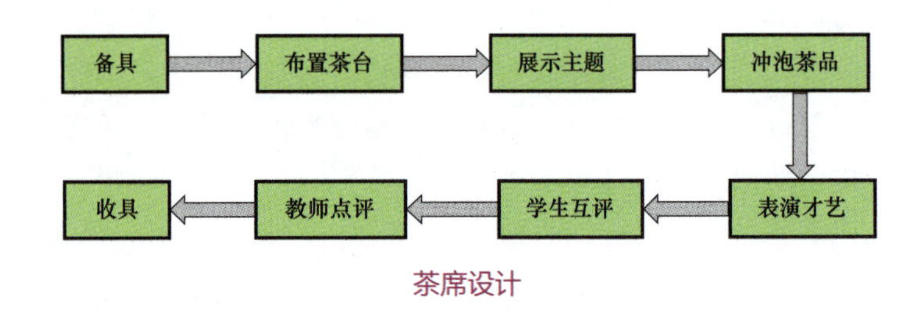

茶席设计

三、实训器具

茶台，各式茶具，多媒体设备，学生自备相关工艺品、花材。

四、实训步骤

1. 按组准备好各自用品。

2. 自行布置茶台，教师在旁指导。

3. 分组展示各自主题。

4. 冲泡备好的茶品，请大家品尝。

5. 表演烘托主题的才艺。

6. 同学间互评，详述优点，略点不足。

7. 教师点评，给分。

8. 整理实训场所。

评分表

课后习题

一、判断题

1. 茶艺师与宾客对话时，应站立并始终保持微笑。 （ ）

2. 在为宾客引路指示方向时，应用手明确指向，面带微笑，眼睛看着目标，并兼顾宾客是否意会到目标。 （ ）

3. 茶艺服务中要使用文明用语，与品茶人交流时要语气平和、态度和蔼、热情友好。 （ ）

二、选择题

1. 茶艺师职业道德的基本准则，就是指（ ）。

A. 遵守职业道德原则，热爱茶艺工作，不断提高服务质量

B. 精通业务，不断提高技能水平

C. 努力钻研业务，追求经济效益第一

D. 提高自身修养，实现自我提高

2. 冲泡茶叶和品饮茶汤是茶艺形式的重要表现部分，称为“行茶程序”，共分为三个阶段：准备阶段、（　　）、完成阶段。

A. 冲泡阶段　　B. 奉茶阶段　　C. 待客阶段　　D. 操作阶段

3. 冲泡茶的过程中，（　　）的动作体现茶艺师借用形体动作传递对宾客的敬意。

A. 双手奉茶　　B. 高冲水　　C. 温润泡　　D. 浊壶

4.《幽谷清风》是反映（　　）的古典名曲。

A. 月下美景　　B. 思念之情　　C. 山水之音　　D. 旷野苍茫

5. 品茗焚香时，香不能紧挨着（　　）。

A. 茶叶　　B. 鲜花　　C. 烧炉　　D. 茶壶

三、问答题

1. 茶艺服务有哪些主要程序？

2. 请以“奇石”为主题，设计一套茶席。

四、实践题

利用实训室设备，布置一套茶席，讲出它的内涵。

项目五

常见茶类的冲泡方法

茶艺师是茶叶行业中具有茶叶专业知识和茶艺表演、服务、管理技能等综合素质的专职技术人员。通俗地说，茶艺是指泡茶与饮茶的技艺。茶艺师对茶的理解并不仅停留在感性的基础上，而是对其有着深刻的理性认识，也就是对茶文化的精神有着充分的了解，茶文化的重点是茶艺。

关键词： 温润泡　凉汤　冲水

学习目标： 能按照行业规范熟练进行常见茶类的基本冲泡，并能进行茶艺表演；对于六大基本茶类及其再加工茶具有初步鉴赏的能力，并能向客人介绍名茶的基本特点。

很多北方家庭饮茶使用的都是简单的杯具，直接用开水冲泡茶叶。何莉莉同学经过一段时间的学习后，觉得“洗茶”是饮茶必备的一个程序，既能洗去灰尘，又能提升口感。放学回家后，就教家人如何洗西湖龙井。这种做法可取吗？

不同茶类需要不同的冲泡要领，我们要根据茶叶的特性选择冲泡方法，不能一概而论。同时，茶叶的品质也影响茶汤的优劣。我们只有在实践中积累经验，不断摸索练习，才能掌握常见茶类的冲泡技巧。

任务一　绿茶的冲泡方法

翻转课堂

问题一：冲泡绿茶的四要素是什么？

问题二：什么样的人群适宜饮用绿茶？

问题三：名优绿茶应该具备什么样的特质？

绿茶是中国最早出现的茶类，是中国第一大茶类，是中国产量最多、产地最广、品种最多、销售量最大、饮用人数最多的茶类。绿茶产量占中国茶叶产量的70%左右。

由于加工过程中不发酵，在初制过程中，绿茶中的多酚类物质保留有 85%左右，高于其他茶类。它含有多种氨基酸、维生素和其他对人体有益的成分。

一、绿茶的特点

绿茶属不发酵茶，以春茶为贵，新茶优于陈茶。成品干茶呈绿色，碧绿、翠绿或黄绿，久置或与热空气接触易变色。冲泡后，茶汤浅绿或呈黄绿色。其特点：清汤绿叶，清香宜人，味道鲜醇爽口，回味甘甜。

绿茶富含叶绿素、氨基酸、维生素 C 等。茶性较寒凉，咖啡碱、茶碱含量较多，较易刺激神经。

二、绿茶的识别

（一）观看茶色

不同的绿茶，色泽不同，或碧绿，或翠绿，或黄绿，或白里透绿等。同样是细嫩高档绿茶，色泽也有嫩绿、翠绿、浅绿之分。

肉眼观看干茶，若叶色翠绿，外表披满白毫，是银白隐翠型或银绿型绿茶，如洞庭碧螺春等。

肉眼观看干茶，若色泽绿中微带黄，则为翠绿型或嫩绿型绿茶，如西湖龙井、信阳毛尖，六安瓜片等。

肉眼观看干茶，若色泽青绿不带黄，则为深绿型绿茶，又称青绿、苍绿、菜绿型绿茶，如太平猴魁等。

肉眼观看干茶，若呈象牙色，则为金黄隐翠型绿茶，如黄山毛峰等。

肉眼观看干茶，若绿中带黑的，则为墨绿型绿茶。

肉眼观看干茶，若绿中带黄的，则为黄绿型绿茶。

此外，肉眼观看，茶叶呈嫩绿或翠绿色、有光泽，则为新的绿茶。若茶叶灰黄、色泽暗晦，则为陈绿茶。

（二）查看茶形

由于制作方法的不同，绿茶茶叶呈现不同的外形特征，千姿百态。有针形（外形圆直如针，如南京雨花茶）、扁形（外形扁平挺直，如西湖龙井）、条索形（外形呈条状稍弯曲，如黄山毛峰、庐山云雾）、螺形（外形卷曲似螺，如洞庭碧螺春）、兰花形（外形似兰，如太平猴魁）、片形（外形呈片状，如六安瓜片）、束形（外形成束，如江山绿牡丹）、圆珠形（外形如珠，如涌溪火青）等。此外还有半月形、卷曲形、单芽形等。

南京雨花茶

太平猴魁

（三）品闻茶香

不同的绿茶，香气也是不同的，或板栗香，或奶油香，或清香等。

炒青绿茶，一般香味浓醇、鲜爽。中、高档长炒青，一般茶味香气浓高。圆炒青，一般茶味香气纯正。毛烘青，一般茶味香气清纯。晒青毛茶，一般茶味香气低闷，常有日晒味。蒸青绿茶，一般茶味香气似苔菜香。

三、绿茶的冲泡

1. 泡茶的水温

一般来说，冲泡水温的高低影响到茶中可溶性浸出物的浸出速度。水温越高，浸出速度越快，在相同的时间内，茶汤的滋味越浓。因此，泡茶的水温应考虑茶的老嫩、松紧、大小等因素。茶叶原料粗老、紧实、叶大的，其冲泡水温要比原料细嫩、松散、叶碎的高。

具体而言，高级细嫩的名优绿茶，一般用 80～85 ℃的水冲泡，以保持茶叶色泽嫩绿、滋味鲜爽，维生素 C 不遭破坏。水温过高，会使茶汤变黄，滋味变苦，维生素 C 被大量破坏；水温过低，茶叶会浮在水面，有效成分难以浸出，茶味淡薄。大宗绿茶由于茶叶老嫩适中，可用 90 ℃左右的开水冲泡。低档的绿茶则要用 100 ℃的沸水冲泡，水温过低，茶中的有效成分不易浸出，茶味显得淡薄。

2. 冲泡的次数

一般茶在冲泡第一次时，茶中的物质能浸出 50%～55%，第二次能浸出 30%，第三次冲泡能浸出 10%，第四次只能浸出 2%～3%，与白开水无异。

大宗绿茶中的条形茶，通常只能冲泡 2～3 次，名优绿茶一般只能冲泡 1～2 次。

若需续水则应在喝至一半时或 1/3 时就加水，可保持鲜味不变。若喝完再加水，则茶汤无味。

3. 投茶量

茶叶冲泡时，投茶量直接影响茶汤的口感。投茶量不同，茶汤香气的高低和滋味浓淡也各异。茶叶与水要有适当的比例，水多茶少味道淡薄，茶多水少则茶汤会苦涩不爽。

冲泡绿茶一般用 1:50～1:60 的茶水比，即每克茶冲泡 50～60 毫升水。

此外，饮茶时间不同，对茶汤浓度要求也有区别。饭后或酒后，适饮浓茶，茶水比可大；睡前饮茶宜淡，茶水比应小。此外，茶水用量也与饮茶者的年龄、性别、爱好有关。

4. 冲泡时间

茶的滋味是随着冲泡时间的延长而逐渐增浓的。

一般冲泡后 3 分钟左右饮用最好。时间太短，茶汤色浅，味淡；时间太长，香味会受损失。

一般来说，凡用茶量大或水温偏高，或茶叶细嫩，或茶叶较松散的，冲泡时间相对缩短；相反，用茶量小或水温偏低，或茶叶粗老，或紧实的，冲泡时间可相对延长。

任何品类的茶叶也不宜浸泡过久或泡太多次，因为除了茶汤变得味淡香失之外，茶叶中所含的芳香物质和茶多酚亦会自动氧化，不但减低营养价值，还会泡出其有害物质，茶叶中的维生素也将荡然无存。

技能训练六：绿茶的冲泡方法

慕课：绿茶的冲泡方法

一、实训目的

了解用玻璃杯具冲泡绿茶的方法；掌握不同茶具与茶类冲泡的技法要领、行茶方法；能够熟练配置茶具、操作演示龙井茶的冲泡程序。

二、实训内容

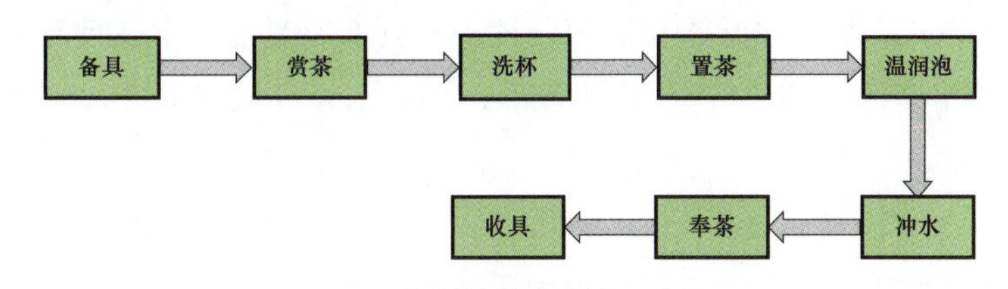

绿茶的冲泡方法

三、实训器具

茶盘、茶巾、茶荷、随手泡、茶艺五用、玻璃杯，绿茶。

四、实训步骤

1. 备具：

① 将玻璃杯按“一”字形或“品”字形摆放在茶盘的中心位置。

② 将烧开的水开壶盖静置凉汤备用。

③ 将茶巾折叠整齐备用。

2. 赏茶：

① 用茶匙将茶叶从茶叶罐中轻轻拨入茶荷。

② 将茶荷双手捧起，送至客人面前请客人欣赏干茶外形及香气。

③ 用简短的语言介绍即将冲泡的茶叶品质特征和文化背景。

3. 洗杯：

① 将水注入杯中 1/3，三杯水量要均匀，注水时采用逆时针悬壶手法。

② 双手捏住玻璃杯杯底，逆时针旋转，用热水浸润玻璃杯内壁一周，左手伸平，掌心微凹，右手推杯身，向前搓动，用滚杯手法将水倒入茶盘。

4. 置茶：左手拿茶荷，右手拿茶匙，动作不急不缓，避免将茶叶撒在杯外，每 50 毫升水用茶 1 克。

5. 温润泡：

① 将开水壶中降了温的水倾入杯中 1/10，注意开水不要直接浇在茶叶上，应打在玻璃杯的内壁上，以免烫坏茶叶。

② 左手托杯底，右手扶杯身，以逆时针的方向回旋三圈，使茶叶充分浸润。

③ 冲泡时间掌握在 15 秒。

6. 冲水：

① 用“凤凰三点头”的手法高冲注水。

② 操作要领：右手提开水壶有节奏地由高到低反复点三下，使茶壶三起三落水流并不间断，水量控制在杯子的七分满，使开水充分激荡茶叶，加速茶叶中有益物质的溶出。

7. 奉茶：

① 双手捏住玻璃杯底，将杯子举过头顶，请客人品饮。

② 茶放好后，向客人伸出右手，做出“请”的手势，或说声“请品茶”。

8. 收具：

① 当客人杯中茶水余 1/3 时，需要及时续水。

② 绿茶冲泡次数通常最多三泡，第四泡茶味就似白开水了。

③ 将客人不再使用的杯子清洗干净，整齐地摆放在茶盘上，用茶巾将茶盘擦拭干净。

五、龙井茶冲泡程序

慕课：西湖龙井茶艺表演

1. 焚香——焚香除妄念。俗话说：“泡茶可修身养性，品茶如品味人生。”古今品茶都讲究平心静气。“焚香除妄念”就是通过点燃这支香来营造一个祥和、肃穆的气氛。

2. 洗杯——冰心去凡尘。茶，至清至洁，是天涵地育的灵物，泡茶要求所用的器皿也必须至清至洁。“冰心去凡尘”，就是用开水再烫一遍本来就干净的玻璃杯，做到茶杯冰清玉洁、一尘不染。

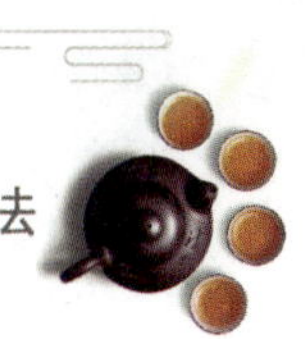

焚香

洗杯

3. 凉汤——玉壶养太和。绿茶属于芽茶类，因为茶叶细嫩，若用滚烫的开水直接冲泡，会破坏茶芽中的维生素并造成熟烫失味，只宜用 80～85 ℃的开水。“玉壶养太和”是把开水壶中的水预凉一会儿，使水温降至 80～85 ℃。

4. 投茶——清宫迎佳人。苏东坡有诗云：“戏作小诗君一笑，从来佳茗似佳人。”“清宫迎佳人”就是用茶匙把茶叶投放到冰清玉洁的玻璃杯中。

5. 润茶——甘露润莲心。好的绿茶外观如莲心，乾隆皇帝把茶叶称为“润莲心”。“甘露润莲心”就是在开泡前先把杯中注入少许热水，起到润茶的作用。

凉汤

投茶

润茶

6. 冲水——凤凰三点头。冲泡绿茶时也讲究高冲水，在冲水时水壶有节奏地三起三落，好比是凤凰向客人点头致意。

冲水

7. 泡茶——碧玉沉清江。冲入热水后，茶先是浮在水面上，而后慢慢沉入杯底，我们称之为“碧玉沉清江”。

泡茶

8. 奉茶——观音捧玉瓶。佛教传说中，观音菩萨捧着一个白玉净瓶，净瓶中的甘露可消灾祛病、救苦救难。茶艺师把泡好的茶敬奉给客人，我们称为“观音捧玉瓶”，意在祝福好人一生平安。

奉茶

9. 赏茶——春波展旗枪。这道程序是绿茶茶艺的特色程序。杯中的热水如春波荡漾，在热水的浸润下，茶芽慢慢舒展开来，尖尖的茶芽如枪，展开的叶片如旗。一芽一叶的称为“旗枪”，一芽二叶的称为“雀舌”。在品绿茶之前，先观赏在清碧澄净的茶水中千姿百态的茶芽在玻璃杯中随波晃动，好像生命的绿精灵在舞动，十分生动有趣。

赏茶

10. 闻茶——慧心悟茶香。品绿茶要一看、二闻、三品味，在欣赏“春波展旗枪”之后，要闻一闻茶香。绿茶与花茶、乌龙茶不同，它的茶香更加清幽淡雅，必须用心灵去感悟，才能够闻到春天的气息，以及清醇悠远、难以言传的生命之香。

闻茶

11. 品茶——淡中品致味。绿茶的茶汤清纯甘鲜、淡而有味，它虽然不像红茶那样浓艳醇厚，也不像乌龙茶那样岩韵醉人，但是只要你用心去品，就一定能从淡淡的绿茶中品出天地间至清、至醇、至真、至美的韵味来。

品茶

12. 谢茶——自斟乐无穷。品茶有三乐：一为独品得神。一个人面对着青山绿水或高雅的茶室，通过品茗，心驰宏宇，神交自然，物我两忘，此一乐也。二为对品得趣。两个知心朋友相对品茗，或无须多言即心有灵犀一点通，或推心置腹诉衷肠，此亦一乐也。三为众品得慧。孔子曰：“三人行必有我师焉。”众人相聚品茶，互相沟通，互相启迪，可以学到许多书本上学不到的知识，这同样是一大乐事。在品了头道茶后，请嘉宾自己泡茶，以便通过实践，从茶事活动中去感受修身养性、品味人生的无穷乐趣。

谢茶

六、测试

学生分组练习，每组抽取两名同学考核，以平均分记录所在小组此次实训课成绩。

评分表

任务二 花茶的冲泡方法

翻转课堂

问题一：冲泡花茶的四要素是什么？

问题二：什么样的人群适宜饮用花茶？

问题三：为什么北方人喜欢品饮花茶？

一、花茶的特点

花茶的品质取决于两个因素：茶坯（基茶）的质量和窨花的次数。基茶的质量越好，所制成的花茶的质量越好。花茶香气的高低，取决于所用鲜花的数量和窨制的次数，数量和次数越多，香气越高。

花茶的茶色与基茶有关，一般是基茶的颜色，但是由于花茶制作过程中多次窨制加工，茶叶有一定程度的氧化，因此，颜色往往比基茶的颜色深、暗。一般绿茶色泽稍带黄，其他色泽变深。

花茶的外形与基茶有关，一般保持其茶的外形。而由于制作过程有一定的影响，花茶的完善程度不及基茶。

好的花茶要求花香浓郁、持久、鲜灵度好。花茶集茶味与花香于一体，既有浓郁爽口的茶味，又有鲜灵芬芳的花香；茶汤入口绵软，留香持久，令人心旷神怡。尤其秋后出产的花茶，吸香特佳。

二、茉莉花茶

花茶中最有名的是茉莉花茶，茉莉花茶又叫作香片，它具有茶之韵、花之香，是最完美的结合。茶汤入口绵软，留香持久，是北方人最喜爱的一种茶叶。

茉莉花茶是将茶叶和茉莉鲜花进行拼和、窨制，使茶叶吸收花香而成的，茶香与茉莉花香交互融合，“窨得茉莉无上味，列作人间第一香”。

茉莉花茶使用的茶叶，多数为绿茶，少数也有红茶和乌龙茶，目前市场上新流行的白茶茶坯茉莉花茶价格不菲。大宗的茉莉花茶以烘青绿茶为主要原料，统称“茉莉烘青”，共同的特点是外形条索紧细匀整，色泽黑褐油润，冲泡后香气鲜灵持久，滋味醇厚鲜爽，汤色黄绿明亮，叶底嫩匀柔软。也有用龙井、大方、毛峰等特种绿茶作茶坯制茉莉花茶的，用龙井茶作茶胚，就叫茉莉龙井，用黄山毛峰作茶坯，就叫茉莉毛峰。还有根据茶坯形状的不同而命名的茉莉花茶，如珍珠状的有产自福建的“龙团珠茉莉花茶”，针状的有“银针茉莉花茶”。

龙团珠茉莉花茶

银针茉莉花茶

三、花茶的冲泡

1. 泡茶的水温

冲泡花茶的水温应视茶坯种类而定。茶坯较为细嫩，水温应掌握在 85 ℃左

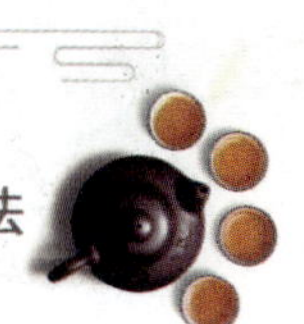

右；大宗花茶可用 90 ℃左右的开水冲泡；中低档的花茶则要用 100 ℃的沸水冲泡。如水温过低，茶中的有效成分不易浸出，会显得茶味淡薄。

2. 冲泡的次数

通常只能冲泡 2～3 次。

3. 投茶量

一般花茶的投茶量为 1:50～1:60，即 1 克茶冲泡 50～60 毫升水。

4. 冲泡时间

一般冲泡 3 分钟左右饮用。

技能训练七：花茶的冲泡方法

慕课：花茶的冲泡方法

一、实训目的

学习用盖碗冲泡花茶的方法；掌握不同茶具与茶类冲泡的技法要领、行茶方法；能够熟练配置茶具、操作演示茉莉花茶的冲泡程序。

二、实训内容

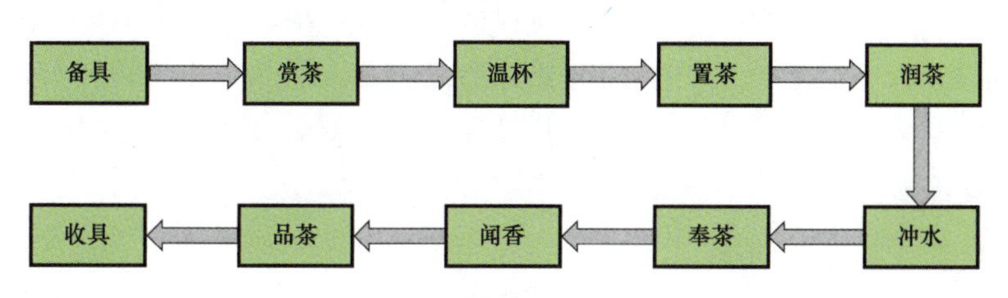

花茶的冲泡方法

三、实训器具

茶盘、茶巾、茶荷、随手泡、茶艺五用、盖碗，花茶。

四、实训步骤

1. 备具：

① 将盖碗按“一”字形或“品”字形摆放在茶盘的中心位置。

② 将烧开的水开壶盖静置凉汤备用。

③ 将茶巾折叠整齐备用。

2. 赏茶：

① 用茶匙将茶叶从茶叶罐中轻轻拨入茶荷。

② 将茶荷双手捧起，送至客人面前请客人欣赏干茶外形及香气。

③ 用简短的语言介绍即将冲泡的茶叶品质特征和文化背景。

3. 温杯：

① 用茶针将杯盖翻转，倒上少许热水。

② 再次翻转杯盖，轻摇盖碗温烫杯身。

4. 置茶：将茶叶拨入盖碗中，投茶量为每 50 毫升水用茶 1 克。

5. 润茶：

① 将开水壶中降了温的水倾入杯中 1/3。

② 盖上杯盖，左手托杯底，右手托杯盖，以逆时针的方向回旋三圈，使茶叶充分浸润。

③ 此泡时间掌握在 20 秒。

6. 冲水：

① 水温为 85 ℃。

② 右手提壶，用高冲水的手法注水至杯子的七分满。

7. 奉茶：双手持杯托将茶奉给客人。

8. 闻香：一手持杯托，一手按杯盖让前沿翘起，送至鼻前闻香。

9. 品茶：一手持杯托，一手按杯盖让前沿翘起，送至唇下轻饮一口。

10. 收具：将客人不再使用的杯子清洗干净，整齐地摆放在茶盘上，用茶巾将茶盘擦拭干净。

五、茉莉花茶冲泡程序

第一道：烫杯，我们称之为“竹外桃花三两枝，春江水暖鸭先知”。这是苏

慕课：茉莉花茶茶艺表演

东坡的一句名诗。苏东坡不仅是一个多才多艺的大文豪，而且是一个至情至性的茶人。借助苏东坡的这句诗描述烫杯，请各位充分发挥自己的想象力，看一看经过开水烫洗之后，冒着热气的、洁白如玉的茶杯，像不像一只只在春江中游泳的小鸭子？

烫杯

第二道：赏茶，我们称之为“香花绿叶相扶持”。赏茶也称为“目品”，是花茶“三品”（目品、鼻品、口品）中的头一品，目的即观察、鉴赏花茶茶坯的质量，主要观察茶坯的品种、工艺、细嫩程度及保管质量。如特级茉莉花茶，这种花茶的茶坯多为优质绿茶，茶坯色绿质嫩，在茶中还混有少量的茉莉干花，干花的色泽应白净明亮，这称为“锦上添花”。在用肉眼观察了茶坯之后，还要干闻花茶的香气。通过上述鉴赏，我们一定会感到好的花茶确实是“香花绿叶相扶持”，极富诗意，令人心醉。

赏茶

第三道：投茶，我们称之为“落英缤纷玉怀里”。“落英缤纷”是晋代文学家陶渊明先生在《桃花源记》一文中描述的美景。当我们用茶匙把花茶从茶荷中拨进洁白如玉的茶杯时，干花和茶叶飘然而下，恰似“落英缤纷”。

投茶

第四道：冲水，我们称之为“春潮带雨晚来急”。冲泡花茶也讲究高冲水。冲泡特级茉莉花茶时，要用 90 ℃左右的开水。热水从壶中直泻而下注入杯中，杯中的花茶随水浪上下翻滚，恰似“春潮带雨晚来急”。

冲水

第五道：焖茶，我们称之为“三才化育甘露美”。冲泡花茶一般要用“三才杯”，茶杯的盖代表“天”，杯托代表“地”，茶杯代表“人”。人们认为茶是“天涵之，地载之，人育之”的灵物。

焖茶

第六道：敬茶，我们称之为“一盏香茗奉知己”。敬茶时应双手捧杯，举杯齐眉，注目嘉宾并行点头礼，然后从右到左，依次一杯一杯地把沏好的茶敬奉给客人，最后一杯留给自己。

敬茶

第七道：闻香，我们称之为“杯里清香浮情趣”。闻香也称为“鼻品”，这是“三品”花茶中的第二品。品花茶讲究“未尝甘露味，先闻圣妙香”。闻香时“三才杯”的“天、地、人”不可分离，应用左手端起杯托，右手轻轻地将杯盖揭开一条缝，从缝隙中去闻香。闻香时主要看三项指标：一闻香气的鲜灵度；二闻香气的浓郁度；三闻香气的纯度。细心地闻优质花茶的茶香是一种精神享受，一定会感悟到在“天、地、人”之间，有一股新鲜、浓郁、纯正、清和的花香伴随着清悠高雅的茶香，沁人心脾，使人陶醉。

闻香

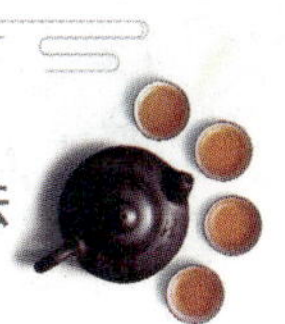

第八道：品茶，我们称之为“舌端甘苦入心底”。品茶是指“三品”花茶的最后一品——口品。在品茶时依然是“天、地、人”不分离，用左手托杯，右手将杯盖的前沿下压，后沿翘起，然后从开缝中品茶。品茶时应小口喝入茶汤。

品茶

第九道：回味，我们称之为“茶味人生细品悟”。人们认为一杯茶中有人生百味，无论茶是苦涩、甘鲜，还是平和、醇厚，从一杯茶中人们都会有良好的感悟和联想，所以品茶重在回味。

回味

第十道：谢茶，我们称之为“饮罢两腋清风起”。唐代诗人卢仝的诗写出了品茶的绝妙感觉：“一碗喉吻润，两碗破孤闷。三碗搜枯肠，唯有文字五千卷。四碗发轻汗，平生不平事，尽向毛孔散。五碗肌骨清，六碗通仙灵。七碗吃不得也，唯觉两腋习习清风生。”

谢茶

六、测试

学生分组练习，每组抽取两名同学考核，以平均分记录所在小组此次实训课成绩。

评分表

任务三 白茶的冲泡方法

翻转课堂

问题一：冲泡白茶的四要素是什么？

问题二：什么样的人群适宜饮用白茶？

问题三：白茶因何走上神坛？

一、白茶的特点

白茶最主要的特点是毫色银白，素有“绿妆素裹”之美感。干茶色白隐绿，满披白色茸毛，毫香重，毫味显，芽头肥壮，汤色浅淡、黄亮，味鲜爽口、甘醇，香气清新，十分素雅。

上品白茶：叶芽细嫩、肥壮，叶质肥软；毫心银白光润，叶面灰绿，叶背银白，谓之银芽绿叶、白底绿面。芽叶边枝、叶尖上翘者为佳；叶片摊开、褶皱、弯曲、蜷缩者差。香气以毫香清鲜、高长者为佳。

白茶性寒凉，有祛暑、退热、解毒的功效，在东南亚及我国港澳地区被作为夏日的理想饮料。白茶耐储存，适合家庭常备，素有“一年茶，三年药，七年宝”的美誉。

二、白茶名品

（一）白毫银针

白毫银针产于福建福鼎、政和等地，素有茶中“美女”“茶王”之美称，是白茶中最名贵的品种。白毫银针外形为芽壮肥硕显毫，形挺针，毫白如银，色泽银灰、闪光，汤色黄亮清澈，滋味醇厚回甘，毫香新鲜。开汤后芽尖向上，竖立于水中慢慢下沉至杯底，条条挺立，上下交错，望之酷似石钟乳，“满盏浮茶乳”，极具观赏价值。

白毫银针

（二）白牡丹

白牡丹产于福建，成茶两叶抱一芽（绿叶夹银色白毫芽），形似花朵，冲泡后绿叶托着嫩芽，犹如蓓蕾初绽，故名白牡丹，是白茶中的上乘佳品。白牡丹外形不成条索，似枯萎花瓣，色泽灰绿或呈暗青苔色。冲泡后，其香气芬芳，滋味鲜醇，汤色杏黄或橙黄，叶底浅灰，叶脉微红，芽叶连枝。

白牡丹

（三）贡眉

贡眉主产区在福建建阳县，建瓯、浦城等地也有生产，其产量约占到了白茶总产量的一半以上。它是用茶树的芽叶制成的，这种用芽叶制成的毛茶称为“小白”，以区别于福鼎大白茶、政和茶树芽叶制成的“大白”。

优质贡眉成品茶毫心明显，茸毫色白且多。干茶色泽翠绿；冲泡后汤色呈橙色或深黄色，叶底匀整、柔软、鲜亮，叶片迎光看去，可透视出主脉的红色；品饮时滋味醇爽，香气鲜纯。

贡眉

三、白茶的冲泡

1. 泡茶的水温

细嫩的白毫银针，一般只能用 70 ℃左右的水冲泡。白牡丹、贡眉水温可以略高，不高于 80 ℃；年份久远的老白茶，可以用开水煮泡，便于冲出有益物质，更好地抒发茶性。

2. 冲泡的次数

白茶因为冲泡水温低，比较耐冲泡，一般可以冲泡 4～5 次。有些上好的老白茶，可以冲泡 10 次以上。

3. 投茶量

一般白茶的投茶量为 1:50～1:60，即 1 克茶冲泡 50～60 毫升水。

4. 冲泡时间

白茶实际操作时，可根据水温高低适当延长冲泡时间，以提升茶汤滋味。

技能训练八：白茶的冲泡方法

慕课：白茶冲泡方法

一、实训目的

学习用盖碗冲泡白茶的方法，体会水温对于茶品的重要性；掌握不同茶具与茶类冲泡的技法要领、行茶方法；能够熟练配置茶具、操作演示白毫银针的冲泡程序。

二、实训内容

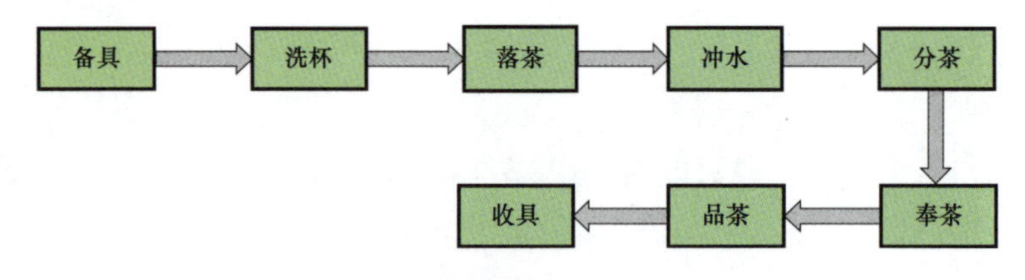

白茶的冲泡方法

三、实训器具

茶盘、茶巾、茶荷、随手泡、茶艺五用、盖碗、茶海、品茗杯、过滤网，白茶。

四、实训步骤

1. 备具：

① 将白瓷盖碗放置台面中间，茶海和过滤网分置两侧，4 只品茗杯呈新月状环列在茶盘上。

② 将烧开的水开壶盖静置到 70 ℃备用。

③ 将茶巾折叠整齐备用。

2. 洗杯：

① 用茶针翻转杯盖，倒入少许热水。再次翻转杯盖，将热水温洗盖碗，右手大拇指与中指捏住盖碗沿、食指轻抵盖钮提起盖碗，左手提托，将热水从盖碗盖子与碗沿间隙中倒入茶海中。

② 将茶海中热水分入品茗杯中。

③ 用食指、中指、无名指三指端起品茗杯，将茶杯中水倒在茶盘上。

3. 落茶：

① 双手捧起茶荷，将茶荷里的茶叶端给客人鉴赏干茶的外形和色泽。

② 用简短的语言介绍即将冲泡的茶叶品质特征和文化背景。

③ 左手拿茶荷，右手拿茶匙，将茶叶拨入盖碗中，投茶量为每 50 毫升水用茶 1 克。

4. 冲水：

① 水温为 70 ℃。

② 右手提壶，用高冲水的手法注水至杯子的七分满。

5. 分茶：

① 将盖碗中的茶汤倾倒在放置过滤网的茶海中。

② 将茶海中的茶汤均匀分到品茗杯中。

6. 奉茶：双手捧取品茗杯，先到茶巾上轻按一下，吸尽杯底残水后将茶杯放在杯托上，双手端杯托将茶奉给来宾，并点头微笑行伸掌礼。

7. 品茶：

① 接茶时可用伸掌礼对答或轻欠身微笑。

② 右手以“三龙护鼎”手法握杯，举杯近鼻端用力嗅闻茶香。

③ 将杯移远欣赏汤色，最后举杯分三口缓缓喝下，茶汤在口腔内应停留一

阵，让舌尖两侧及舌面、舌根充分领略滋味。

8. 收具：将客人不再使用的杯子清洗干净，整齐地摆放在茶盘上，用茶巾将茶盘擦拭干净。

五、白毫银针冲泡程序

慕课：白毫银针茶艺表演

白毫银针，白如云，绿如梦，洁如雪，香如兰，其性寒凉，是清心涤性的最佳饮品。品饮白毫银针尤应摒弃功利之心，以闲适无为的情怀，按照程序，细细地去品味白毫银针的本色、真香、全味，同时应把品茶视为修身养性的途径，以心去体贴茶，让心灵与茶对话，努力使自己步入醍醐沁心的境界，品出茶中的物外高意。

第一道程序“焚香”，我们称之为“天香生虚空”。这是唐代诗仙李白在《庐山东林寺夜怀》中的一句诗。一缕香烟，悠悠袅袅，它能把我们的心带到虚无空灵，霜清水白，湛然冥真心的境界，这是品茶的理想境界。

焚香

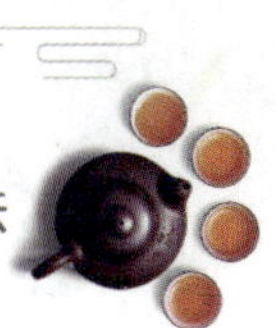

第二道程序“鉴茶”，我们称之为“万有一何小”。这是南朝诗人江总在《游摄山栖霞寺诗》中的一句诗。“三空豁已悟，万有一何小。”这句诗充满了哲理禅机。所谓“三空”，乃佛家所说的言空、无相、无愿之三种解脱，因三者共明空理，所以称为三空。修习茶道也正是要豁悟三空。有了这种境界，那么世界的万事万物（万有）都可纳入须弥芥子之中。反过来，一花一世界，一沙一乾坤，从小中又可以见大，以这种心境鉴茶，看重的不是茶的色、香、味、形，而是重在探求茶中包含的大自然无限的信息。

鉴茶

第三道程序“涤器”，我们称之为“空山新雨后”。这道程序依旧是小中见大。杯如空山，水如新雨，意味深远。

涤器

第四道程序“投茶”，即用茶匙把茶荷中的茶叶拨入茶杯，茶叶如花飘然而下，故曰“花落知多少”。

投茶

第五道程序“冲水”，我们称之为“泉声满空谷”。这是宋代文学家欧阳修《虾蟇碚》中的一句诗，在此借用来形容冲水时甘泉飞注，水声悦耳。

冲水

第六道程序“奉茶”，我们称之为“玉女献奇珍”。茶来自大自然，带给人间美好的真诚。一杯白茶在手，万千烦恼皆休。愿您与茶结缘，做高品位的现代人。

奉茶

第七道程序“闻香”，我们称之为“谁解助茶香”。这是陆羽的好友、著名的诗僧皎然在《九日与陆处士羽饮茶》中的一句话。一千多年来，万千茶人都爱闻茶香，但又有几个人能说得清、解得透茶那清郁、隽永、神秘的生命之香——大自然之香呢？

闻香

第八道程序“品茶”，我们称之为“努力自研考”。品茶在于探求茶道奥义，在于品味人生，契悟自然，这正像王梵志欲觅佛道一样，应当“明识生死因，努力自研考”。

品茶

六、测试

学生分组练习，每组抽取两名同学考核，以平均分记录所在小组此次实训课成绩。

评分表

任务四 红茶的冲泡方法

翻转课堂

问题一：冲泡红茶的四要素是什么？

问题二：什么样的人群适宜饮用红茶？

问题三：自己动手调饮一杯红茶饮品。

一、红茶的特点

红茶属于全发酵茶，红茶的品质特征虽因其加工方法而有所差异，但具有色泽乌润、香气持久、汤色红艳、滋味醇厚、调配性好的共性。红茶干茶呈暗红色，带有焦糖香，滋味浓厚略带涩味。

红茶性温和，不含叶绿素、维生素 C，因咖啡碱、茶碱较少，兴奋神经效能较低。

二、红茶的识别

（一）观看茶色

红茶干茶的色泽与鲜叶原料及发酵程度有关。一般而言，用大叶种原料制成的工夫红茶，色泽橙红，金毫密布；而中小叶种原料制成的工夫红茶色泽乌润；红碎茶的色泽一般乌黑油润或棕褐。一般高级工夫红茶和中、上档红碎茶，乌黑

有光泽；用转子机制成的红碎茶呈棕红色；中、低档红茶或火砖茶呈黑褐色。新红茶色泽油润或乌润；陈红茶色泽灰褐。

（二）查看茶形

红茶按外形可分为条红茶和红碎茶两类。

小种红茶和工夫红茶都是条红茶。小种红茶以条索颖长松散、叶肉厚为佳。

工夫红茶鲜叶原料以一芽二叶、一芽三叶为主，成品茶呈条索形，用大叶种原料制成的条索肥壮，而中、小叶种原料制成的条索细紧。工夫红茶以条索紧结挺实、有锋苗、白毫显露、身骨重实为优，反之则次。

红碎茶外形细碎，分为叶茶、碎茶、片茶和末茶四类。叶茶是短条形红茶，常有金黄毫碎茶，呈颗粒状；片茶呈木耳片状；末茶呈细末或砂粒状。红碎茶要求颗粒重实。

金骏眉

滇红金芽

（三）品闻茶香

茶香中应无烟、焦、霉、酸、馊等异味。从香气来鉴别，发酵适度者应具有熟苹果香，青草气味消失。如果茶叶带馊酸气味则表示发酵过度。

闻到甜香或焦糖香，则为优质红茶，或工夫红茶；闻到松烟香是小种红茶。

三、红茶的冲泡

1. 泡茶的水温

冲泡红茶，可用 90 ℃左右的开水冲泡，对于低档的红茶则要用 100 ℃的沸水冲泡。

2. 冲泡的次数

红茶中的红碎茶只能冲泡一次，工夫红茶则可冲泡 3～5 次。

3. 投茶量

一般红茶的投茶量为 1:50～1:60，即 1 克茶冲泡 50～60 毫升水。

4. 冲泡时间

小种红茶一般冲泡后 30 秒后即可饮用；工夫红茶需要一分钟以上；红碎茶根据调饮浓淡需要，斟酌冲泡时间。好的红茶在容器中不宜闷置，不然容易产生酸气，影响茶汤品质。

技能训练九：红茶的冲泡方法

慕课：红茶的冲泡方法

一、实训目的

了解瓷制茶壶冲泡红茶的方法；掌握不同茶具与茶类冲泡的技法要领、行茶方法，创新调饮红茶的方法；熟练掌握操作演示祁门红茶的冲泡程序。

二、实训内容

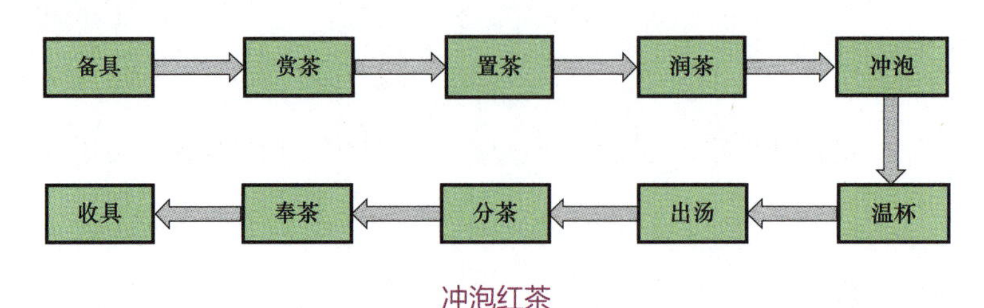

冲泡红茶

三、实训器具

茶盘、茶巾、茶荷、随手泡、茶艺五用、白瓷壶、公道杯、白瓷品茗杯、过滤网，红茶。

四、实训步骤

1. 备具：

① 将茶盘擦拭干净备用。

② 将瓷壶和公道杯横向呈“一”字摆放在茶盘内侧。

③ 将品茗杯摆放在小茶壶的前侧。

④ 茶盘左侧摆放茶叶罐和香炉，右侧摆放茶艺五用和随手泡。

⑤ 茶巾清洗干净并折叠整齐备用。

2. 赏茶：用茶则从茶叶罐中取适量红茶放入茶荷内，双手捧起茶荷送至客人面前供客人赏茶。

3. 置茶：打开壶盖将茶漏放在壶口上，取茶匙将茶叶拨入壶中。

4. 润茶：向壶内注入 2/3 的水，然后盖上壶盖，迅速将水倾倒入公道杯。

5. 冲泡：用悬壶高冲的手法向壶内冲水，用壶盖抹去壶口的茶沫，盖上壶盖。

6. 温杯：红茶正泡大概需要 1～2 分钟，在这个过程中可以进行温杯的程序，将公道杯中的水依次倒入品茗杯，用茶夹夹取品茗杯，将水倒入茶盘中，用茶巾轻拭品茗杯外侧及杯底的水渍。

7. 出汤：右手拿起瓷壶，将茶汤倒入公道杯中，尽量控净壶中的茶汤，以免影响口味。

8. 分茶：将公道杯中的茶汤分到每一个茶杯中，茶量应为七分满，使茶汤保持浓淡均匀。

9. 奉茶：双手持杯，敬给客人品饮。

10. 收具：将客人不再使用的杯子清洗干净，整齐摆放在茶盘上，用茶巾将茶盘擦拭干净。

五、祁门红茶冲泡程序

慕课：祁门红茶茶艺表演

第一道，展示茶叶——宝光初现。向客人展示祁门红茶。祁门红茶产于安徽省祁门县，其条索紧秀，锋苗好，色泽乌黑润泽，泛灰光，俗称“宝光”。

展示茶叶

第二道，温杯洁具——流云拂月。用开水洁净壶具，温杯的作用是预热茶具和再次清洁茶具。

温杯洁具

第三道，置茶入壶——王子入宫。用茶匙将茶叶拨入壶中。祁门红茶被誉为“王子茶”，将其拨入壶中也称“王子入宫”。

置茶入壶

第四道，清洗茶叶——养气发香。向壶内注入 2/3 的水，然后盖上盖，迅速将水倒入茶盘。头泡茶水，不宜敬上，倒掉为宜，以洗掉茶叶上的灰尘和残渣，同时让茶叶有一个舒展的过程。

清洗茶叶

第五道，冲泡茶叶——玉泉催花。将开水从高处注入茶壶中，用高冲水可以更好地激发茶性。

冲泡茶叶

第六道，敬奉茶水——云腴献主。提起茶壶，轻轻摇晃，待茶汤浓度均匀后，采用循环倾注法倾茶入杯，用双手向宾客奉茶。用循环倾注法斟茶，能使杯中茶汤的色、香、味一致。

敬奉茶水

第七道，请客闻香——喜闻幽香。祁门红茶是世界公认的三大高香茶之一，其香浓郁高长，有蜜糖香，上品蕴含兰花香，号称“祁门香”。由于其品质超群，被誉为“群芳最”。英国人喜爱祁红，皇家贵族把它当时髦饮料，称它为“茶中英豪”。

请客闻香

第八道，请客观汤——细睹容颜。请客人观赏祁门红茶的汤色。祁门红茶的汤色红艳鲜亮，杯沿有圈明显的金黄色的光环，被称为“金圈圈”；再看叶底，鲜红细嫩，披着一身红艳艳的“时装”，赏心悦目。

请客观汤

第九道，请客品尝——味压群芳。请客人缓啜品饮。祁门红茶口感以鲜爽、浓醇为主，回味隽永，质压群芳；一口可觉茶香，二口可觉茶味，三口可觉茶香，茶味在口中停留，久久不能散去。

请客品尝

第十道，向客谢茶——三生盟约。请客人自斟自赏。红茶通常可冲泡三次，三次的口感各不相同：一赏鲜爽，二赏余韵，三番细饮慢品，方得茶之真趣。

向客谢茶

六、教师指导学生进行红茶调饮练习，鼓励创新精神

七、测试

学生分组练习，每组抽取两名同学考核，以平均分记录所在小组此次实训课成绩。

评分表

任务五 黑茶的冲泡方法

翻转课堂

问题一：冲泡黑茶的四要素是什么?

问题二：什么样的人群适宜饮用黑茶?

问题三：普洱茶为什么能被神化?

一、黑茶的特点

黑茶的品质特征：干茶呈青褐色，黑褐油润，外形粗大，粗老气味较重；汤色或橙黄，或橙红，或琥珀色，叶底黄褐，香气浓重，具陈香味；滋味醇和，入口饱满，回甘力持久。黑茶以陈年的为最好，因为在正确的贮存过程中，它继续地完成着后发酵的过程，可存放较久，耐泡耐煮。黑茶性质温和，可直接冲泡，也可压制成紧压茶。

二、黑茶名品

（一）云南普洱茶

1. 普洱散茶

普洱茶因产地在云南普洱而得此名，现在的普洱茶指产于云南思茅、西双版纳等地的条形黑茶。普洱茶是以公认普洱茶区的云南大叶种茶树鲜叶为原料，制成晒青毛茶，经过后发酵加工而成。其外形条索粗壮肥大，叶片肥大完整。普洱熟茶色泽乌润，或褐红（俗称猪肝色），或带有灰白色，滋味醇厚回甘，具有独特的陈香味儿，有“美容茶”“减肥茶”之声誉。

2. 普洱紧压茶

普洱茶蒸压后可制成普洱沱茶、七子饼茶、普洱茶砖等。普洱紧压茶外形端正、匀称、松紧适度；汤色红浓明亮，香气独特，叶底褐红色；滋味醇厚回甘。

知识拓展：普洱生茶与熟茶的区别

普洱生茶

普洱熟茶（金瓜贡）

（二）广西六堡茶

六堡茶为中国的历史名茶，已有一千五百多年的历史，因原产于广西梧州市

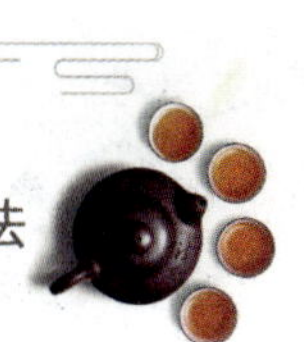

苍梧县六堡乡而得名。清朝嘉庆年间，六堡茶以独特的槟榔香而列入中国十大名茶之一，成为贡品。其原料大部分采自当地生长的大叶种茶树，经初制渥堆、气蒸复堆、蒸压、陈化而成。

六堡茶品质特点：条索长整紧结，色泽黑褐光润；汤色红浓明亮，香气纯高、陈厚；滋味甘醇爽口，带松烟和槟榔味；叶底铜褐色。六堡茶风格独树一帜，素以“红、浓、陈、醇”四绝著称，而且耐于久藏，越陈越好。

三、黑茶的冲泡

1. 泡茶的水温

冲泡黑茶的水温要因茶而异。一般来说，用料较粗的饼茶、砖茶和存放时间长的陈茶等适宜用沸水冲泡；而用料较为细嫩的高档芽茶，适当降低水温，以95 ℃为宜。

2. 冲泡的次数

黑茶散茶一般冲泡 5～6 次，紧压茶一般可冲泡 7～8 次，若是久陈的普洱茶，至第十泡以后，茶汤还甘滑回甜，汤色仍然红颜。如果普洱紧压茶用煮渍法，则只煮一次。

3. 投茶量

品饮普洱茶，茶与水的比例一般为 1:30～1:40，即 5～10 克茶加 150～200 毫升水。

4. 冲泡时间

一般来说，陈茶、粗茶浸泡的时间需要长一些，新茶、细嫩的茶浸泡的时间就要短一些；紧压茶的浸泡时间要长，散茶的浸泡时间较短。普洱茶冲泡一般第一泡 15 秒，第二泡 20 秒，第三泡后，每次冲泡加 10 秒，可冲泡多次。

技能训练十：黑茶的冲泡方法

慕课：黑茶的冲泡方法

一、实训目的

了解用紫砂壶冲泡普洱茶的方法；掌握不同茶具与茶类冲泡的技法要领、行茶方法；能够熟练配置茶具、操作演示普洱生茶的冲泡程序。

二、实训内容

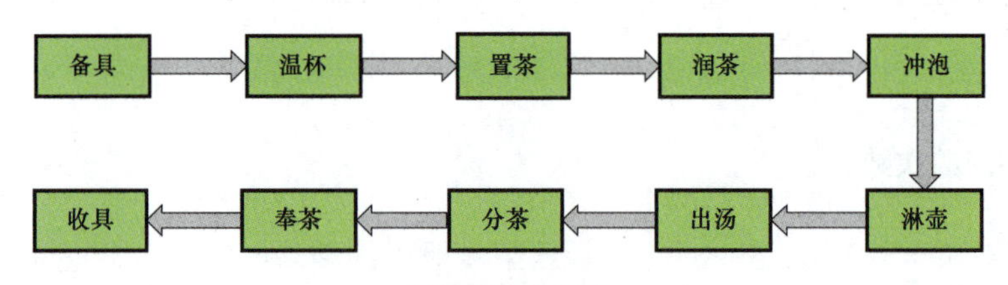

黑茶的冲泡方法

三、实训器具

茶盘、茶巾、茶荷、随手泡、茶艺五用、紫砂壶、公道杯、品茗杯、过滤网，普洱生茶。

四、实训步骤

1. 备具：

① 将茶盘擦拭干净备用。

② 将紫砂壶和公道杯横向呈“一”字摆放在茶盘内侧。

③ 将品茗杯摆放在小茶壶的前侧。

④ 茶盘左侧摆放茶叶罐和香炉，右侧摆放茶艺五用和随手泡。

⑤ 茶巾清洗干净并折叠整齐备用。

2. 温杯：

① 将开水倒入紫砂壶。

② 将紫砂壶中的水倒入公道杯。

③ 将公道杯的水依次倒入品茗杯中，然后将温杯的水倒入茶盘。

3. 置茶：

① 打开壶盖将茶漏放在壶口上。

② 取茶匙将茶叶拨入壶中。

③ 投茶量要根据泡茶的器皿、品茗的人数及茶的种类而定，一般散茶可多投一点，而紧压茶可相对少一点。

4. 润茶：

① 向壶内注入 2/3 的水，然后盖上壶盖。

② 迅速将水倾倒入公道杯，如此 1～3 次。

5. 冲泡：

① 冲泡普洱茶的水温一般在 95 ℃以上。

② 用悬壶高冲的手法向壶内冲水。

③ 用壶盖抹去壶口的茶沫，盖上壶盖。

6. 淋壶：用公道杯内的茶汤淋壶静置 1 分钟。

7. 出汤：

① 普洱茶第一泡时间掌握在 15 秒左右。

② 右手拿起紫砂壶，将茶汤倒入公道杯中。

③ 尽量控净壶中的茶汤，以免影响品质。

8. 分茶：将公道杯中的茶汤分到每一个茶杯中，茶量应为七分满，使茶汤保持浓淡均匀。

9. 奉茶：双手持杯，敬给客人品饮。

10. 收具：将客人不再使用的杯子清洗干净，整齐摆放在茶盘上，用茶巾将茶盘擦拭干净。

五、普洱生茶的冲泡程序

第一步，敬致问候（迎宾）。茶艺师站立鞠躬，向宾客致礼问候。普洱茶作为一种饮品，它的保健功效得到世界范围的科学证实。普洱茶是健康时尚和文化品位的体现。

慕课：普洱茶茶艺表演

迎宾

第二步，寻韵醉茗（赏茶）。普洱生茶在冲泡前应先闻干茶香，以青草香明显者优，有霉味、异味者为下品。

赏茶

第三步，抚美运香（温杯）。用开水烫洗茶壶、茶杯，以提高茶具温度，进一步激发茶香。

温杯

第四步，神玉入宫（投茶）。用茶匙将茶叶投入壶中。

投茶

第五步，洗净沧桑（洗茶）。今天冲泡的冰岛生普洱是多年自然陈放而成，在冲泡时，头一泡茶一般不喝，洗两遍茶，称为“洗净沧桑”。

洗茶

第六步，吊出神韵（泡茶）。向壶中冲入开水，静置一分钟左右，等待茶汤泡好。

泡茶

第七步，平分秋色（斟茶）。茶道面前，人人平等。可将茶汤先倒入公道杯，然后再用公道杯斟茶。斟茶时每杯要浓淡一致，多少均等。

斟茶

第八步，敬捧神玉（奉茶）。双手将杯托举过头顶，奉上香茶。

奉茶

第九步，出品奇葩（品茶）。请客人欣赏普洱茶的汤色、叶底、回味。一杯好的普洱茶，要观其汤色的明亮度和色泽变化。

品茶

第十步，见好就收（谢茶）。请客人自斟自酌。一瓯普洱，千年滋味，我们穿越千年的普洱历史，在百转千回中，啜出茶马古道蹄声踏踏。

谢茶

六、测试

学生分组练习，每组抽取两名同学考核，以平均分记录所在小组此次实训课成绩。

评分表

任务六　乌龙茶的冲泡方法

翻转课堂

问题一：冲泡乌龙茶的四要素是什么？

问题二：什么样的人群适宜饮用乌龙茶？

问题三：何为铁观音的“春水秋香”？

问题四：如何体会武夷岩茶的“醇不过水仙，香不过肉桂”？

一、乌龙茶的特点

乌龙茶是中国特有的茶类之一，主要产自我国广东东部、台湾和福建。乌龙

茶只是青茶的一种，但由于其香气馥郁，很有特色，因此，乌龙茶几乎成为青茶的代名词。其名称的由来，是形容茶叶颜色像乌鸦一样黑，茶叶形状像龙一样弯曲。

乌龙茶以陈茶为贵，只要藏于干爽处，香远味久，非寻常可比。正如清代初期周亮工在《闽茶曲》中所言："雨前虽好但嫌新，火气难除莫近唇，藏得深红三倍价，家家卖弄隔年陈。"乌龙茶以秋茶最好，茶性温和，是一年四季皆宜的佳品。

乌龙茶中含有多种矿物质，碱性高，具有较强的分解、消除脂肪的作用。乌龙茶还可有效地抵制胆固醇的积聚，促进胃液分泌，加快肠胃蠕动，增进食欲。

二、乌龙茶的识别

（一）观看茶色

乌龙茶根据其发酵程度不同，干茶的颜色有所不同。武夷岩茶色泽青褐油润，安溪铁观音砂绿油润，凤凰水仙黄褐油润，冻顶乌龙深绿油润。

（二）查看茶形

乌龙茶按外形分有条索形、半颗粒形与颗粒形三种。

闽北的武夷岩茶、广东乌龙茶、台湾的文山包种、白毫乌龙等属条索形乌龙茶；闽南的安溪铁观音、黄金桂等属于半颗粒形乌龙茶，条索卷曲，肥壮圆结；台湾的冻顶乌龙属于颗粒形乌龙茶（或称半球形）。条索形乌龙茶一般不讲究外形的细紧程度，外形粗松；半颗粒形和颗粒形乌龙茶，要求外形紧结。

（三）品闻茶香

乌龙茶因发酵程度不同，其茶香也是不同的。闽北的武夷岩茶香气为熟香型，而闽南的安溪铁观音香气清香。

凤凰单枞

冻顶乌龙

知识拓展：潮汕工夫茶

三、乌龙茶的冲泡

1. 泡茶的水温

乌龙茶由于原料并不细嫩，加之用茶量大，所以须用刚沸腾的开水冲泡。冲泡乌龙茶须用紫砂壶，用沸水冲泡，乌龙茶的茶性才能得到极大的发挥；如果用玻璃杯或盖碗，或者水温过低，乌龙茶“真味难出，如饮沟渠之水”。

2. 冲泡的次数

乌龙茶可连续冲泡 4～6 次，甚至更多，名品乌龙茶，“七泡犹有余香”。

3. 投茶量

乌龙茶投茶量大致是茶壶容积的 1/3～1/2，潮汕地区因传统口味较重、出汤速率快，投茶量可达 1/2～2/3。

4. 冲泡时间

乌龙茶由于投茶量大，因此第一泡出汤很快，大概 15 秒即可出汤，第二泡 20 秒，第三泡 30 秒，此后递增 15 秒。

技能训练十一：乌龙茶的冲泡方法

慕课：乌龙茶的冲泡方法

一、实训目的

掌握用紫砂壶冲泡乌龙茶的方法；掌握不同茶具与茶类冲泡的技法要领、行茶方法；能够熟练配置茶具、操作演示铁观音的冲泡程序。

二、实训内容

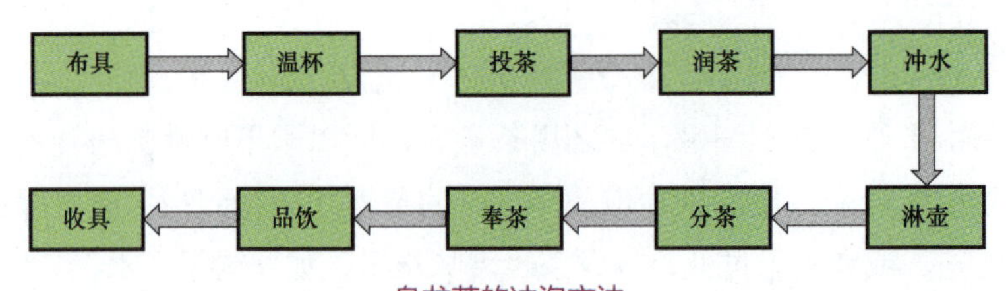

乌龙茶的冲泡方法

三、实训器具

茶盘、茶巾、茶荷、随手泡、茶艺五用、紫砂壶、公道杯、闻品杯组、过滤

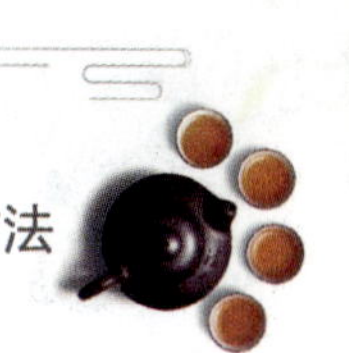

网，铁观音。

四、实训步骤

1. 布具：

① 将随手泡打开煮水。

② 翻杯，将杯子围绕紫砂壶依次摆开。

③ 将茶巾折叠整齐备用。

2. 温杯：

① 右手提起随手泡，将沸水注入紫砂壶。

② 将壶内的水倒入品茗杯。

3. 投茶：

① 先将壶嘴转向主泡。

② 打开壶盖，将茶叶罐中的茶叶倒入茶荷中。

③ 拨茶入壶。

4. 润茶：

① 向壶内注满沸水，然后盖上壶盖。

② 迅速将水倾倒入公道杯。

5. 冲水：

① 右手提起随手泡，采用回转低斟高冲法，悬壶高冲。

② 右手拿起壶盖，按逆时针方向刮沫。

③ 盖上壶盖，用回旋手法斟水于壶外壁，至壶嘴水流外溢止，以提高壶温。

6. 淋壶：用公道杯内的茶汤淋壶，并取沸水浇筑壶体表面，保证壶体内外温度一致。

7. 分茶：

① 冲泡后静置 15 秒左右后，将壶提起采用“关公巡城”法，将茶汤轮流注入品茗杯中，每杯先注一半，再来回倾入，渐至八分满。

② 采用“韩信点兵”法，将最后几滴浓汤分别注入品茗杯中，以使茶汤均匀。

8. 奉茶：将品茗杯放入茶托，奉于客人。

9. 品饮：用“三龙护鼎”的手法端起品茗杯，先嗅其香，再观其色，分三小

口品其味。

10. 收具：将客人不再使用的杯子清洗干净，整齐地摆放在茶盘上，用茶巾将茶盘擦拭干净。

五、铁观音的冲泡程序

慕课：铁观音茶艺表演

第一道，展示茶具——乌龙展具。向客人逐一展示泡茶所用的精美茶具，介绍用途。

展示茶具

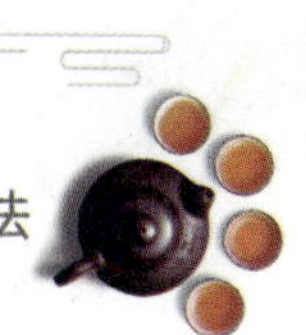

第二道，请客赏茶——茶约知音。用茶荷盛放干茶，请客人鉴赏。

请客赏茶

第三道，烫具淋壶——沐霖清心。用开水温杯洁具。

烫具淋壶

第四道，拨茶入壶——乌龙入宫。用茶匙将茶荷中的茶叶投入壶中。

拨茶入壶

第五道，浸泡茶叶——乌龙沐春。将开水注入壶中，直至水漫过壶口为止。

浸泡茶叶

第六道，倒掉茶汤——乌龙入海。将壶中的头泡茶水倒入公道杯，用头泡茶汤再次清洗闻品杯组。

倒掉茶汤

第七道，冲水入壶——乌龙泻瀑。提起随手泡，先低后高冲入，使茶叶随着水流旋转而充分舒展。

冲水入壶

第八道，刮去茶沫——春风拂面。用壶盖轻轻在壶口上绕一圈，将壶面上的泡沫刮起。

刮去茶沫

第九道，开水淋壶——重洗仙颜。提随手泡，浇淋茶壶外部，将泡沫和残渣冲掉，保证内外温度一致。

开水淋壶

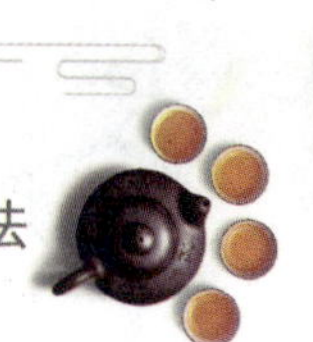

第十道，均匀茶汤——玉液合香。将壶中的茶倒入公道杯中。

均匀茶汤

第十一道，斟茶入杯——祥龙行雨。将公道杯中的茶汤循环注入闻香杯。

斟茶入杯

第十二道，双杯合扣——龙凤呈祥。将品茗杯倒扣在闻香杯上。

双杯合扣

第十三道，扣杯翻转——叩彩叠香。将对扣的两个杯子翻过来。

扣杯翻转

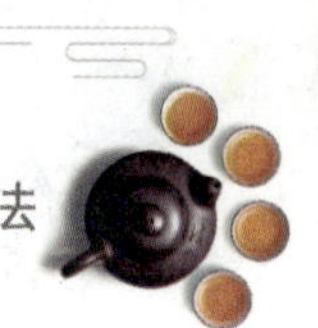

第十四道，双手敬茶——将相扣的闻品杯组放在杯托上，双手端起，彬彬有礼地向客人敬奉香茗。

双手敬茶

第十五道，刮去水珠——花好月圆。用右手握住闻香杯基部，轻轻转动取出闻香杯，绕品茗杯口一圈，把闻香杯边的茶汤刮掉，不让茶汤滴出杯外。

刮去水珠

第十六道，搓杯闻香——乌龙吐香。双手轻揉杯身，闻取茶香。

搓杯闻香

第十七道，请客品茶——品啜甘霖。请客人以“三龙护鼎”的手法托起品茗杯，分三口饮尽杯中茶水。

请客品茶

第十八道，向客谢茶——七泡余香。请客人自斟自酌。

向客谢茶

六、测试

学生分组练习，每组抽取两名同学考核，以平均分记录所在小组此次实训课成绩。

评分表

课后习题

一、判断题

1. “流云拂月”是指将茶汤均匀地斟入茶杯。 （ ）

2. 茉莉花茶闻香的方法称为口品。 （ ）

3. 品饮凤凰单枞乌龙茶时，茶水比例以 1:50 为宜。 （　　）

4. 泡饮普洱茶一般用 95 ℃以上的水冲泡。 （　　）

二、选择题

1. “茶味人生细品悟”喻指茉莉花茶艺的（　　）。

A. 回味　　B. 赏茶　　C. 论茶　　D. 鉴茶

2. 乌龙茶艺（　　）意指刮沫。

A. 热壶烫杯　　B. 重洗仙颜　　C. 春风拂面　　D. 点水流香

3. 泡茶时，先注入沸水 1/3 后放入茶叶，泡一定时间再注满水，称为（　　）。

A. 点茶法　　B. 上投法　　C. 下投法　　D. 中投法

4. 在冲泡茶的基本程序中，（　　）的主要目的是提高茶具的温度。

A. 将水烧沸　　B. 煮水　　C. 用随手泡　　D. 温壶（杯）

三、问答题

1. 为什么冲泡西湖龙井要用 80 ℃的水？

2. 普洱茶除了可以用紫砂壶冲泡还可以用什么器皿冲泡，为什么？

四、实践题

在家中为父母泡一次茶，并向他们介绍茶文化。

附录一　茶艺师国家职业资格标准

附录二　常用茶艺用语（汉英对照）

附录三　能力测试题

参考文献

[1] 陈宗懋，杨亚军. 中国茶经［M］. 上海：上海文化出版社，2011.

[2] 贾红文，赵艳红. 茶文化概论与茶艺实训［M］. 北京：清华大学出版社，北京交通大学出版社，2010.

[3] 劳动和社会保障部，中国就业培训技术指导中心·茶艺师（初、中、高级）［M］. 北京：中国劳动社会保障出版社，2007.

[4] 谢红勇. 茶艺基础［M］. 上海：上海交通大学出版社，2011.

[5] 饶雪梅，李俊. 茶艺服务实训教程［M］. 北京：科学出版社，2008.

[6] 王梦石，叶庆. 中国茶文化教程［M］. 北京：高等教育出版社，2012.

[7] 王珺，宋园园. 茶艺［M］. 北京：机械工业出版社，2015.

[8] 王玲. 中国茶文化［M］. 北京：九州出版社，2009.